VOYAGE

A LA

GUADELOUPE

VOYAGE

A LA

GUADELOUPE

OEUVRE POSTHUME

PAR FÉLIX LONGIN

Bachelier ès Lettres

LE MANS

MONNOYER, IMPRIMEUR-LIBRAIRE, ÉDITEUR

MDCCCXLVIII

PRÉFACE

Notre intention, à nous Éditeur, n'est pas, et nous l'avouons en commençant, de faire une préface littéraire : quelques lignes seulement pour établir l'histoire du manuscrit que nous publions, tel est notre but.

Feu M. Longin, né à Caen en 1787, bachelier ès lettres et professeur distingué, s'embarqua au Havre, pour la Guadeloupe, le 5 octobre 1816, alors que la France tressaillait encore des agitations amenées par la chute de l'Empire.

Il y séjourna six ans.

Doué d'un esprit sérieux et délié, d'une instruction forte et variée, il s'enquit avec minutie des mœurs, des usages, de l'histoire et des diverses industries et productions du pays.

Là, tout était nouveau pour lui. Transplanté brusquement du sol français, sol libre où chacun est égal et vit paisiblement sous l'égide de lois justes et applicables à tous, M. Longin dut, sur cette terre d'esclavage et de durs labeurs que l'on nomme

Guadeloupe, éprouver d'étranges sensations, faire de pénibles comparaisons.

Tout ce qu'il observa, tout ce qu'il ressentit fut par lui confié au papier. Chaque jour apportait un fait nouveau, ayant trait à la science, ou à la morale, ou aux arts, ou au commerce, ou à l'histoire.

Réunies et classées, ces notes formèrent un manuscrit très-intéressant que son auteur eût certes publié, si la mort, à son retour au pays natal, ne l'était venu surprendre à trente-cinq ans, enlevant à son épouse un compagnon bien-aimé, à l'enfance un professeur dévoué, bien plus, un véritable ami.

C'est alors que ces notes de M. Longin

nous furent, pour les éditer, offertes par sa veuve.

Devenues nôtres, nous les fîmes paraître d'abord dans notre journal, comme feuilleton; puis, le journal tiré, et après sérieuse révision et correction, nous en formâmes un tout, qui compose le volume ci-joint, que nous offrons au public comme un excellent livre, où pourront utilement fouiller le moraliste, le savant, le philanthrope et le législateur.

Le Mans, 20 *mai* 1848.

VOYAGE

A LA GUADELOUPE.

Traversée du Havre à Saint-Pierre de la Martinique.

Tout ce que j'avais lu dans divers ouvrages sur les pays équatoriaux m'avait donné l'envie d'y voyager un jour. Je demandai et j'obtins des lettres de recommandation près les autorités de la Martinique et de la Guadeloupe et je m'embarquai au Havre de Grâce, le 5 octobre 1816, sur le navire l'*Auguste* de Honfleur, capitaine Le Roi, qui faisait voile pour la Martinique.

Je n'avais jamais navigué que sur des rivières, des fleuves ou des lacs; j'ignorais ce que c'était que le *mal de mer*, et quoique la mer fût très-peu agitée, j'en fus atteint pendant les huit premiers jours de notre navigation. C'était un dégoût prononcé pour les aliments, de fréquentes nausées, un violent mal de tête, un malaise général qui m'eût fait souhaiter ne m'être pas embarqué, si le vif désir de parcourir une petite partie du nouveau monde n'eût relevé mon courage. Ce mal, sans doute, a sa cause éloignée dans les mouvements extraordinaires que le bâtiment imprime au physique ; mouvements qui troublent les fonctions animales et dérangent plus ou moins la nature dans ses diverses opérations ; mais ne pourrait-il point avoir sa cause prochaine et immédiate dans l'abondance des humeurs plus ou moins altérées qui, n'étant plus soumises à l'action de la vie, produiraient ces espèces de désordres? et de là ne pourrait-on point conclure qu'on se mettrait à l'abri de ces souffrances, ou que du moins elles seraient moins intenses si, avant de s'embarquer, on avait soin de se faire évacuer? car pourquoi de vieux marins, accoutumés aux gros temps, en sont-ils parfois atteints? pourquoi n'est-on bien soulagé que quand on peut vomir? Au reste, cette question est étrangère à mon plan : je l'abandonne aux médecins.

Nous n'éprouvâmes aucun gros temps sur la Manche : une brise légère nous en sortit en peu de jours ; mais, dans le golfe de Gascogne, nous essuyâmes un coup de vent qui, heureusement, nous inspira plus de craintes qu'il ne causa d'avaries.

Il était à peu près sept heures du matin, de gros nuages gris noirâtre dérobaient à nos yeux toute l'étendue du ciel, un jour sombre nous éclairait à peine ; les vents déchaînés de la partie du sud-est luttaient avec effort contre les flots ; le perfide élément, jusque dans ses abîmes, horriblement agité, offrait de tous côtés l'épouvantable image de la mort. Tantôt le navire, avec une rapidité extrême, semblait glisser sur la pente des vagues, et nous nous trouvions tout à coup comme ensevelis dans le creux d'un profond vallon, environnés de montagnes énormes, dont les sommets, se touchant pour ainsi dire, semblaient sonner notre dernière heure ; et tantôt, au contraire, élevés sur le dos des flots pleins d'écume, nos tristes regards ne tombaient que sur des précipices sans fond.

Un des passagers, qui comme moi était resté sur le pont pour voir cette belle horreur, avait trouvé bon de s'attacher avec une corde à l'un des mâts ; moi, je trouvai plus de sûreté à me cramponner aux sabords.

Que de pensées sublimes cette scène d'horreurs présentait en foule à l'esprit ! quel homme, sans une émotion profonde, pourrait en soutenir la vue ? C'est alors que les passions se taisent, que la raison recouvre tous ses droits, que le cœur, tout pénétré de remords, s'élève en tremblant jusqu'aux pieds de la divinité et forme des vœux sincères; c'est alors qu'on élève, à leur vraie valeur, les grandeurs et la pompe du monde, que le voile des préjugés tombe et que l'homme se dit à lui-même : de tous les biens d'ici-bas, le plus précieux, celui dont la jouissance ne donne aucun regret, c'est la vertu.

Après avoir doublé le cap Finistere et atteint la région des vents alizés, nous eûmes constamment beau ciel et belle mer. Nous ne fûmes contrariés que par des calmes qui retardèrent l'époque heureuse de notre arrivée.

Ces vents alizés sont de légers vents d'est qui soufflent presque constamment et avec une vitesse à peu près uniforme. C'est entre les tropiques et à quelques degrés au delà vers les deux pôles qu'ils exercent leur empire. Quand on a atteint ces régions paisibles, on n'a plus à redouter ni ces noires tempêtes qui poussent au loin les vaisseaux en route contraire, ni ces fureurs de l'Océan qui menace à chaque instant de les engloutir. Tantôt la mer, légèrement hérissée à sa surface, offre l'image d'une vaste plaine où bondissent de nombreux troupeaux;

tantôt, unie comme une glace, elle réfléchit l'azur des cieux ou les nuages diversement contournés qui parcourent l'atmosphère.

N'ayant à bord aucune fonction à remplir, mon unique occupation était de contempler l'immensité du ciel et celle de l'Océan. Mes yeux avides y cherchaient des merveilles. Ils eussent voulu en sonder les profondeurs, en parcourir les abîmes, y voir ces plaines de sable différemment inclinées ; ces fleuves tortueux, ces montagnes, ces noires cavernes, ces précipices épouvantables qui causent les courants plus ou moins forts qui se manifestent à la surface de l'eau même ; ces vastes et sombres laboratoires de la nature d'où s'élancent au travers de l'onde des torrents de matières embrasées. Ils eussent voulu s'y promener entre ces végétaux divers, ces polypiers, ces groupes énormes de madrépores qui en revêtent les vallées, les montagnes et les rochers. Ils eussent voulu voir ces nombreux habitants dont la plupart sont encore inconnus et le seront toujours ; ces poissons de toute espèce, ces testacés sans nombre qui ne s'élèvent jamais au niveau des mers : mais, ô nature, tu ne donnas pas à l'homme des sens assez parfaits ! que dis-je ? assez parfaits ! serait-ce une perfection ?... Si l'œil humain pouvait franchir ces distances infinies, sous quel aspect verrait-il les êtres qui l'environnent et qui lui semblent si charmants? combien d'autres, qu'il n'aperçoit pas dans sa manière d'être actuelle, lui sembleraient des monstres hideux?

Cependant, sur la surface des eaux, on voyait marcher en troupes les avides marsouins; chaque cohorte semblait obéir à un chef qui la précédait. La pesante baleine se promenait gravement en poussant devant elle un flot d'écume. Le vorace requin, dans sa course vagabonde et solitaire, courait après des victimes; la fine dorade fendait en tous sens la vague et semblait se plaire à faire admirer les belles couleurs de son dos; la rapide frégate, poussée par les zéphirs, venait nous réfléchir les couleurs de l'arc-en-ciel.

Comme les habitants des déserts et des forêts immenses qui couvrent une partie des continents, ceux des mers se font une guerre continuelle et cherchent, dans de plus faibles qu'eux, l'aliment et la vie. Ainsi l'a voulu la nature pour empêcher les funestes inconvénients qui auraient résulté, pour notre sphéroïde, de leur prodigieuse multiplication. Chercher leur proie n'est cependant pas leur seul instinct; ils possèdent aussi celui d'éviter les poursuites de leurs ennemis; et la nature, en leur donnant à tous le sentiment de leur existence, leur donna les moyens de veiller à leur conservation ; ainsi, on voit le poisson ailé prendre dans les airs un vol incertain pour donner le change à l'ennemi qui l'allait dévorer ; ainsi, pour la même cause, on voit le joli petit pilote nager constamment sur le dos des requins.

Arrivés au tropique du Cancer, il fallut se soumettre à une cérémonie en usage sur tous les bâtiments : c'est le baptême du tropique. Tout étranger qui n'a point encore vu le ciel de la zone torride, n'en peut être dispensé. C'est une petite ruse à laquelle les matelots ont recours pour mettre les passagers à contribution. Ce sont eux qui sont acteurs dans cette scène comique.

La veille du passage, un courrier du bonhomme Tropique s'arrête sur le haut du grand mât, appelle le capitaine, lui demande d'où vient le navire, où il va ; l'avertit qu'il entre dans l'empire du tropique, et que le bonhomme descendra pour présider au baptême des passagers et des matelots qui n'auraient pas encore parcouru ces parages. Aussitôt tombe sur le pont une grêle de pois : ce sont les bonbons du baptême. Le lendemain matin, on voit descendre des mâts le bonhomme Tropique, entouré de ses esclaves enchaînés deux à deux. C'est un vénérable vieillard courbé sous le poids des années. Il s'assied avec peine, sur un trône qui lui était préparé, et son chapelain fait la cérémonie. Le nouveau catéchumène est placé sur une planche légère, posée sur un grand baquet plein d'eau. Le prêtre, d'une main, prend gravement le bras du catéchumène, et de l'autre lui verse de l'eau dans la manche, en prononçant la formule. S'il est docile, la cérémonie est finie pour lui, pourvu, toutefois, qu'il mette son offrande dans un plat qu'on lui présente; s'il ne l'est pas, on ôte subitement la planche sur laquelle il est forcé de s'asseoir, et il tombe dans le baquet : il est alors baptisé par immersion.

De tous les phénomènes que l'Océan puisse offrir, sa phosphorescence est, sans contredit, le plus beau et le plus frappant. C'est principalement entre les tropiques qu'il se montre dans toute sa magnificence. C'est une lumière éclatante qui, pendant la nuit, s'allume et s'éteint à la surface ou près de la surface des eaux. Le vaisseau, en sillonnant les flots, laisse après lui une longue trace superbement lumineuse, le poisson, dans sa course, le choc même de la rame produisent le même effet. Différente de toute autre lumière, celle-ci n'est formée que de points plus ou moins brillants. De la masse d'eau que le navire pousse devant lui, jaillissent mille et mille étincelles plus éclatantes les unes que les autres ; au loin, ce sont, çà et là, des points brillants, mobiles comme les vagues et dont l'existence n'est qu'éphémère. Tantôt toute la surface en est couverte, et tantôt à ce beau spectacle succède une sombre obscurité.

Ce phénomène superbe, qui a donné lieu à tant d'hypothèses, semble être bien connu aujourd'hui. Il paraît, d'après les recherches des savants modernes, qu'il est occasionné par des mollusques et des zoophytes naturellement phosphorescents comme quelques espèces d'insectes qu'on rencontre sur la terre dans les deux hémisphères.

Nous éprouvâmes deux orages dans la zone torride ; mais le bruit de la foudre n'a rien d'effrayant comme sur terre. La décharge électrique ne produit qu'un son assez faible sur la mer, tandis que sur la terre, ce son, mille fois répété par les échos des vallons, des bois et des montagnes, va porter dans le cœur des mortels l'épouvante et l'effroi.

Le ciel de la zone torride est parfois magnifique. Rien n'égale la vive beauté des nuages qui parent l'horizon, le matin et au soir d'un beau jour, quand le soleil vient à commencer ou à terminer sa carrière. On les voit prendre, dans un instant, toutes les formes possibles. Tantôt c'est un paysage qui représente des vallées, des montagnes et des bois; tantôt ce sont des animaux de mille espèces différentes dont l'attitude varie sans cesse. Mais ce qui rend cette scène plus charmante encore, c'est la diversité et l'éclat des nuances qui s'y font remarquer, jeux admirables des rayons primitifs qui s'y combinent à l'infini, l'azur du ciel y est plus prononcé, les étoiles plus brillantes que dans les zones tempérées. La lumière que réfléchit la lune est quelquefois si vive qu'on y lit presque aussi facilement qu'à celle du jour.

Il était à peu près neuf heures du soir quand, après trente-cinq jours d'une assez belle navigation, nous nous trouvâmes en vue de la Martinique. Dès le matin, des matelots l'ayant aperçue du haut des mâts, avaient crié : terre! terre! mais de gros nuages bleuâtres nous en avaient dérobé la vue pendant tout le jour. Épuisé de fatigue, j'étais resté tout l'après-midi dans ma cabane. On me réveilla alors : je montai précipitamment sur le pont, et de là je vis ce tableau si nouveau pour moi, d'une île dont le contour se dessinait sur un ciel sans nuages et semé des plus brillantes étoiles. On voyait briller çà et là, à des hauteurs différentes, mille petites lumières qui éclairaient autant d'habitations, mais sans distinguer autre chose. La mer était calme, un léger zéphir enflait doucement les voiles. Nous ne faisions que petite route et nous ne pûmes aborder que le lendemain.

Qui pourrait se peindre, sans l'avoir éprouvé, le sentiment de bonheur dont on se sent rempli quand, pendant plus d'un mois, suspendu sur l'abîme, n'ayant sans cesse sous les yeux que le ciel et l'eau, exposé à mille dangers divers, on vient à apercevoir tout à coup la terre, objet de ses désirs? Non, je n'oublierai jamais la vive et profonde impression que j'éprouvai à cette époque de ma vie! Je me proposai de passer le reste de la nuit sur le pont pour contempler, à loisir, ce beau spectacle. Mais bientôt les lumières s'éteignirent, et le sombre prospectus de l'île resta tout seul devant mes yeux. Heureux habitants d'une terre étrangère, vous allez, me disais-je, vous livrer au repos; vous allez, au sein d'un paisible sommeil et sous un toit protecteur, réparer les fatigues du jour, certains de vous retrouver encore sur un terrain solide, quand l'aurore prochaine viendra ouvrir vos paupières et vous appeler de nouveau à vos travaux accoutumés; tandis que la fougue des vents pourrait encore soulever les flots et nous précipiter dans les noirs abîmes de l'Océan, ou nous briser contre les affreux rochers qui défendent votre séjour !

Ce fut dans de semblables réflexions que je passai le reste de la nuit assis sur un des bancs de quart. L'espérance et la crainte agitaient, tour à tour, diversement mon âme; ou bien, je me figurais le navire à l'ancre et je formais des projets; ou bien, la distance que nous avions encore à parcourir remplissait mon imagination de lugubres images.

Enfin, le jour parut : c'était le 11 novembre; nous nous trouvâmes devant la rade de Saint-Pierre. Nouveau spectacle ! cette rade, si fertile en naufrages, présente à l'œil un arc assez ouvert sur lequel est bâtie la ville qui, de toutes parts, est dominée par de hauts mornes au-dessus desquels s'élève avec majesté la montagne Pelée qu'on dit être un volcan éteint. Nous louvoyâmes pendant quatre heures environ avant de pouvoir aborder. Pendant ce temps, mes regards se promenèrent sur les montagnes et dans les vallées qui s'offraient à eux de tous côtés. Ils erraient d'habitation en habitation, et toutes ces demeures sont situées agréablement sur des hauteurs et représentent des hameaux plus ou moins ombragés et toujours pittoresques.

Les officiers s'amusèrent à pêcher un gros requin qui suivait le navire. Ils suspendirent, pour cela, un morceau de viande à un pesant crochet ; le vorace poisson avala tout. On le hala à bord et les pauvres petits pilotes qui l'accompagnaient, se voyant sans abri et sans défense, s'enfuyaient éperdus. Cet animal se débattit longtemps avant de mourir : il paraissait furieux; je lui enfonçai bien avant dans le corps, et à plusieurs reprises, un levier qu'il mordit de manière à y laisser de profondes empreintes de ses dents; il fit, une fois, un si grand effort contre le levier, qu'il me poussa rudement sur des mâts de rechange qui me firent tomber. Les matelots l'achevèrent et en firent cuire une partie. J'eus la curiosité d'en goûter : la chair est huileuse et un peu coriace; sans cela, elle offrirait un mets assez délicat.

Comme ma barbe était un peu longue, je voulus me raser avant de mettre pied à terre. Je descendis donc dans la chambre pour cet effet. J'étais à moitié de mon opération, quand une horrible secousse se fit ressentir dans le bâtiment, en même temps que les cris de tout l'équipage se firent entendre. Ma frayeur fut extrême; je crus que nous nous brisions sur un rocher. Je ne fis qu'un saut et je fus sur le pont, tant il est vrai que la peur donne des ailes. Mes alarmes disparurent lorsque je connus la cause et de la secousse et des cris. Une petite goëlette louvoyait en sens contraire et s'avançait sur notre ligne. Le capitaine lui avait fait signe de dévier, et, soit qu'elle n'eût point compris, soit qu'elle n'ait pas voulu, elle continua sa route. Notre navire pouvait la couler bas; mais le capitaine, extrêmement prudent, quitta la ligne; et comme on était presque au contact, le beaupré de la goëlette s'engagea dans les sabords du navire et fit des dégâts sur le pont; entièrement rassuré, je redescendis pour achever de me raser et faire un peu de toilette.

Nous approchions de l'endroit où l'on allait mouiller; des nègres et des négresses vinrent alors en foule, dans leurs pirogues légères, nous offrir des provisions. Les uns apportaient des légumes, les autres du poisson; d'autres, enfin, des fruits de toute sorte, parmi lesquels se distinguaient la figue banane et la douce orange. Le directeur de la poste vint à son tour chercher le paquet de lettres et nous apprit que la fièvre jaune faisait des ravages affreux dans la colonie; triste nouvelle pour nous, puisqu'il n'y a guère que les étrangers qui en soient atteints, comme je le ferai remarquer ailleurs. Toute retraite était impossible, il fallait s'armer de courage ; et c'est ce que je fis. On jette enfin l'ancre sur le rivage, car la rade est si profonde qu'on ne peut la jeter un peu au large. Nous descendons. J'allai, le cœur plein de joie et d'espérance, malgré la fâcheuse nouvelle, me choisir un logement ; je traversai le cours, situé sur le bord de la mer, et j'arrivai dans la rue du Petit-Versailles où je me mis dans une pension bourgeoise qu'on m'avait indiquée. Je chancelais en marchant, à peu près comme un homme ivre, effet ordinaire des mouvements que le bâtiment communique. Après un bon dîner qui me remit un peu de mes fatigues, j'allai à bord pour faire enlever mes effets. De retour à la pension, comme le soir s'approchait et qu'à cause des serpents, très-communs dans cette île, je ne voulais pas sortir, je restai dans la chambre qu'on m'avait préparée. Je me déshabillai, et me vêtis le plus légèrement que je le pus, à raison de la vive chaleur qu'on éprouve dans ces climats brûlants, et je passai le reste du jour à la fenêtre pour pouvoir respirer plus facilement.

Le soleil était couché, je ne jouissais plus que de la faible lumière de ses derniers rayons réfractés, et les étoiles commençaient déjà à briller au firmament. La tête appuyée sur une de mes mains, je réfléchissais aux vicissitudes de la vie, quand, soudain, dans une chambre dont les fenêtres, tout ouvertes, se trouvaient vis-à-vis les miennes, parut une mulâtresse bien vêtue, tenant à la main une lumière qu'elle vint en hâte déposer entre les deux croisées. Une dame très-richement parée entra aussitôt. Cette dame, du milieu de la chambre, fixant ses regards du côté de la lumière, me fit croire, par ses gestes, qu'il y avait là une glace où se réfléchissait sa beauté. Naturellement un peu curieux, mais pourtant discret, je voulus voir la suite d'une scène qui commençait si bien; je suspendis mes réflexions sérieuses pour y porter un moment mon attention. Cette dame, d'un air gracieux, ôte son chapeau, orné d'une couronne de roses qui, par leur éclat et leur fraîcheur, rivalisaient avec celles que fait naître le printemps. La mulâtresse s'en saisit et le dépose sur une chaise. Le léger fichu de gaze qui posait négligemment sur ses épaules, la ceinture élégante qui faisait si bien ressortir et la finesse de sa taille et ce qui fait ordinairement la gloire et l'orgueil des jeunes personnes du sexe, la robe aux riches garnitures, le corset à large baleine, tout cela suit bientôt le chapeau. Il ne restait plus que le léger tissu qui couvrait le satin de sa peau ; l'esclave favorite en agite un moment les plis, comme si quelque insecte importun s'y fût logé. Enfin, ce dernier voile tombe ! ... Cet attentat à la pudeur me fit frissonner d'indignation. Le bruit que je fis en me retirant de ma fenêtre, les avertit, sans doute, qu'elles étaient aperçues. La mulâtresse pousse les jalousies, la Vénus s'enveloppe dans une robe de chambre et se couche mollement sur un canapet, et toutes deux firent entendre de longs éclats de rire. On conçoit que cette scène, toute nouvelle pour moi, me donna une idée assez défavorable de la moralité des créoles.

Comme ce n'était point à la Martinique que j'avais résolu de me fixer, je sortis le lendemain de grand matin pour aller arrêter mon passage sur le premier bâtiment qui se dirigerait vers la Guadeloupe. Il n'y avait alors qu'un petit bateau qui fût en chargement pour cette colonie. Il me répugnait singulièrement, je l'avoue, de m'embarquer sur un aussi frêle bâtiment. Pourtant, la crainte d'être atteint de la fièvre jaune, leva ma répugnance : il devait partir le lendemain ; je me décidai à en profiter. Cette affaire terminée, j'allai distribuer quelques lettres dont je m'étais chargé en France, ce qui me donna l'occasion de voir la ville.

Le plan sur lequel pose cette métropole des Antilles françaises, est loin d'être horizontal. Il présente de grandes inégalités. C'est le creux d'un vallon ouvert du côté de la mer ; en sorte qu'une partie de la ville est en amphithéâtre. Au milieu de la Grande-Rue, parallèle à la rade, est un canal où coule rapidement une eau douce et limpide. Les maisons sont basses, à cause des tremblements de terre, très-fréquents dans cette colonie, construites, pour la plupart, en bois et couvertes en essentes. J'indiquerai ailleurs la manière générale dont on construit dans les îles de l'archipel Américain.

Il n'y a dans Saint-Pierre aucun édifice bien remarquable, si ce n'est pourtant la salle de spectacle, finie en 1817 sous le gouvernement de M. le comte de Vaugiraud ; l'architecture en est simple, mais assez élégante. Ce monument est agréablement situé sur un morne qui domine la ville. On remarque dans les magasins une grande activité ; dans la rade un grand nombre de bâtiments ; dans les rues beaucoup de mouvement ; c'est le centre du commerce français dans les Indes occidentales.

On avait établi un collége dans cette ville : il était dirigé par un homme qui, certes, avait des talents et qui avait su s'associer des professeurs de mérite ;

mais ce collége n'a duré que trois ans. J'aurai occasion, dans la suite, de faire connaître les causes qui s'opposent à la prospérité de semblables établissements dans les colonies, et pourquoi, chez eux, les créoles ne sont point susceptibles d'une éducation solide.

Hors de la ville était un assez beau jardin des plantes, bien soigné et dirigé par un naturaliste dont j'ai perdu le nom.

Voyage de Saint-Pierre à la Pointe-à-Pître.

A bord des légers bâtiments qui font le cabotage dans les Antilles, il n'est point en usage que les passagers soient nourris. Chacun doit donc emporter, du lieu de départ, les provisions qu'il croit lui être nécessaires. En conséquence, je mesurai celles que je devais faire sur le temps qu'il nous fallait pour nous rendre de Saint-Pierre à la Pointe-à-Pître, une des villes de la Guadeloupe où le bateau devait nous mettre à terre.

Le 13 novembre, vers sept heures du matin, on mit à la voile, et nous partîmes. Un ciel presque sans nuages, une jolie brise, une mer tranquille, tout nous promettait une heureuse et prompte navigation. Nous franchissons rapidement le canal de la Dominique; nous nous dirigeons sous le vent de cette île. A peine fûmes-nous parvenus à la hauteur des Roseaux, capitale et séjour du gouvernement de cette colonie, que nous trouvâmes un calme plat. Nous restâmes devant la rade, tout le reste du jour, sans pouvoir avancer. Le capitaine qui espérait, en partant, arriver le soir à la Pointe-à-Pître, s'était embarqué sans biscuits. Il convenait, en pareil cas, que je misse mes provisions en commun ; mais, n'ayant pas compté sur cette mésaventure, le calme, qui pouvait durer plusieurs jours de suite, ne laissait pas de m'inspirer quelques inquiétudes.

Ces bateaux caboteurs sont ordinairement commandés par des gens de couleur ; assez rarement par des blancs. Ces capitaines n'ont pour se conduire que la connaissance des côtes et de la manœuvre ; ce qui leur suffit, absolument parlant, puisqu'on ne perd point la terre de vue. L'équipage est composé de quelques esclaves. Ces bateaux n'offrent aucune commodité pour les voyageurs. Il n'y a qu'une très-petite chambre où l'on ne peut se tenir debout, et où trois ou quatre personnes, tout au plus, peuvent se mettre à l'abri. J'étais descendu dans cette espèce de boîte pour me soustraire aux ardeurs du midi. Là, assis sur un petit baril, je me disposais à lire quelques pages d'Horace, que je portais assez habituellement dans ma poche ;

je cherchais l'endroit où le poëte décrit si gaiement un petit voyage qu'il avait fait sur l'eau, lorsque j'entendis ronfler à mes pieds ; je soulevai une mauvaise toile, c'était un vieux nègre à barbe blanche qui reposait. L'odeur alliacée et nauséabonde qu'exhalait ce malheureux Africain était si forte et si désagréable qu'elle me fit bientôt fermer mon livre. Je remontai vite sur le pont que je ne quittai plus que pour mettre pied à terre.

Tout le temps que nous fûmes en calme, je fus constamment tourné vers la Dominique.

En voyant flotter sur la ville des Roseaux le pavillon anglais, je ne pus, sans éprouver un sentiment pénible, songer que cette colonie était peuplée de Français.

Cette île est très-élevée au-dessus du niveau de la mer ; elle est très-montagneuse, singulièrement hachée, caractère qui semble être commun à tous les pays volcanisés. Elle a deux solfatares situées l'une sur le bord de la mer, l'autre dans les hauteurs. Elle a des eaux minérales, thermales et froides. On n'y trouve qu'une espèce de serpent qui n'est nullement dangereuse, le serpent à tête de chien.

Le capitaine, qui était originaire de cette île, n'étant point occupé, je lui faisais mille questions : il y répondait avec complaisance. Il m'entretint sur l'antique état de cette colonie. Il me montrait les différents quartiers qui offraient le plus de ressources à l'agriculture, ceux qui étaient le plus nuisibles à la santé ; m'indiquait les lieux escarpés et déserts où se retirent les nègres fugitifs ; me racontait les guerres que les habitants leur avaient faites, les difficultés qu'ils avaient éprouvées pour les chasser de leurs camps et les faire rentrer en partie dans l'esclavage. Il me dit qu'au pied, ou dans le flanc de certaines montagnes, on avait découvert d'immenses cavernes où étaient nés et où vivaient en paix, depuis de nombreuses années, plusieurs générations de ces malheureuses victimes de l'avarice des blancs.

Cependant, avec le soir, s'éleva un petit vent qui nous fut favorable et qui dura toute la nuit. Autant le jour avait été chaud, autant la nuit nous sembla fraîche. Je m'enveloppai dans mon carrick, je me couchai sur le pont et dormis paisiblement jusqu'au matin. Vers six heures, lorsque le soleil levant dorait l'horizon, nous nous trouvâmes devant la rade de la Pointe-à-Pître. Nous avions, à notre droite, Marie-Galante, qui nous paraissait à peine effleurer les eaux; derrière nous les Saintes, qui ne sont guère que des rochers stériles; à notre gauche et en face, la Guadeloupe, terme de mes courses. On voyait au loin, sur le rivage voisin de la Pointe-à-Pître, les tristes débris des bâtiments qui avaient échoué dans le terrible ouragan qui s'était fait sentir quelques mois auparavant.

Il était dix heures du matin quand enfin nous mîmes pied à terre. La fièvre jaune ne moissonnait pas moins de monde à la Pointe-à-Pître qu'à Saint-Pierre. Je fus cependant obligé d'y rester quelques jours en attendant l'occasion de passer à la Basse-Terre, autre ville et séjour du gouvernement de la même colonie, où j'avais résolu de me fixer. J'allai prendre logement dans un hôtel de la Grande-Rue. Extrêmement fatigué, je me fis préparer un lit et je me couchai. Les maringouins ne me permirent pas de m'endormir. Ils étaient en si grand nombre et me piquaient avec un tel acharnement que, malgré le drap dont j'étais couvert, je ne fus pas une demi-heure au lit sans avoir la peau toute rouge de pustules. N'y pouvant tenir, je me levai. Je me fis servir à déjeuner : on me donna de l'eau où fourmillaient mille petits vers. J'en demandai la raison, on me répondit que c'était de l'eau de citerne. Dans cette partie de l'île, il n'y a point de rivière ; on n'y boit que de l'eau de pluie qu'on conserve dans de vastes citernes. Cette eau peut être plus légère que l'eau de rivière, mais, certes, elle est beaucoup moins agréable à la vue et au goût.

Je voyais, à chaque instant, passer des convois funèbres sous mes fenêtres. C'étaient autant de victimes de la contagion qu'on portait tristement à leur dernière demeure. On ne les entrait point dans le temple, de crainte qu'ils n'y répandissent le germe de la mort ; les cloches n'annonçaient pas leur trépas, afin de ne point effrayer le reste des vivants. Partout on ne respirait qu'un air infect.

Les étrangers, seuls, succombaient, ce qui n'était pas, pour moi, fort consolant. On reconnaissait facilement dans les rues ceux que cette peste avait épargnés ou qu'elle n'avait pas encore atteints. La terreur et une sorte de stupeur étaient empreintes sur leur front. Des nombreux équipages de trois gros navires français, il ne restait plus qu'un second capitaine et un mousse. Deux de ces navires avaient perdu tout leur monde, officiers et matelots. Plusieurs bâtiments des États-Unis étaient dans le même cas. Il n'y avait absolument que les indigènes qui fussent épargnés. J'avoue que quelquefois ce lugubre spectacle me glaçait d'effroi.

Dans ces tristes conjonctures, je crus qu'il était prudent, pour prévenir le mal, d'avoir recours à la purgation. Deux grains d'émétique, et le lendemain soixante-douze grains de jalap, m'évacuèrent assez copieusement, et soit qu'ainsi je me sois garanti du terrible fléau, soit que, par une faveur toute particulière, la Providence ait daigné me protéger, lorsque mes compatriotes et autres tombaient autour de moi, toujours est-il que j'eus le bonheur d'échapper à cette dévorante contagion qui semblait vouloir, dans sa course, dévorer l'humanité entière.

Je n'osais sortir de mon appartement, tant mes craintes étaient vives. J'avais chargé le nègre qui me servait de m'avertir dès qu'il y aurait une occasion pour la Basse-Terre. Le 19, au matin, il me vint dire qu'une petite goëlette allait mettre à la voile et partir. Vite, je fermai mes malles et m'embarquai, content de quitter un séjour qui pouvait m'être funeste. On leva l'ancre à dix heures du matin. Le temps était beau, la mer très-peu agitée, mais le vent très-faible. Nous n'allâmes que très-lentement. Nous remontâmes, avec peine, le canal des Saintes; arrivés sous le Wellmont, groupe de montagnes dont je parlerai dans la suite, nous ne pûmes plus avancer, faute de vent. Cependant, comme nous n'étions pas fort éloignés de la Basse-

Terre, on plia les voiles; on mit la chaloupe à la mer, et l'équipage rama. Nous mîmes pied à terre à onze heures du soir. J'étais d'autant plus joyeux qu'il n'y avait là aucune maladie et que c'était le terme de mes courses. J'allai prendre un logement dans un petit hôtel tenu par un homme de couleur, où vivaient une grande partie des officiers du régiment français en garnison dans cette ville.

Géographie de la Guadeloupe.

La Guadeloupe est une des petites Antilles qui forment une partie de l'archipel Mexicain. Elle est située à 16° 4' latitude nord, et à 64° 30' longitude ouest méridionale de Paris. Cette île, qui peut avoir trois cent vingt kilomètres de circonférence, est d'une forme très-irrégulière. Un canal peu profond, formé par la mer, appelé rivière Salée, la partage en deux parties inégales nommées, l'une la Grande-Terre, l'autre la Guadeloupe proprement dite; celle-là n'offre que des monticules et semble à peine dominer la mer; celle-ci, au contraire, hérissée de montagnes plus ou moins hautes, s'élève majestueusement au-dessus des flots et offre de loin, aux regards surpris du voyageur, le spectacle le plus imposant. La première est habitée sur tous les points; la dernière ne l'est guère que sur les bords.

On voit sur le globe beaucoup d'îles qui se ressemblent à peu près par leur contour ; telles sont celles de Marie-Galante et de Bornéo, de Sumatra et de Java, etc., etc. ; mais la Guadeloupe ne ressemble, sous ce rapport, qu'à elle-même. Extrêmement resserrée vers son milieu, elle offre là un isthme étroit qui joint les deux parties dont elle est formée, et c'est à l'une des extrémités de cet isthme que se trouve la rivière Salée, dont j'aurai occasion de parler ailleurs. La Grande-Terre, plus avancée au nord, se dirige, dans le sens de son plus grand diamètre, du nord-ouest au sud-est ; la plus grande longueur de la Guadeloupe proprement dite est à peu près dans la direction de l'axe de la terre. Celle-ci est un ellipsoïde ; celle-là ne peut se comparer à rien. Les bords de cette île sont très-variés. Ici, c'est un rivage légèrement incliné ; là, des récifs et des rochers stériles. Ici, on ne voit qu'un sable noir, brillant, fin, ferrugineux ; là, un sable blanchâtre ou jaunâtre mêlé de roches plus ou moins grosses.

Villes de la Guadeloupe.

La Guadeloupe n'a que deux villes, la Pointe-à-Pître et la Basse-Terre.

La Pointe-à-Pître est située dans la Grande-

Terre, à l'entrée méridionale de la rivière Salée. Son plan est horizontal; elle est grande, belle et bien peuplée d'indigènes et d'étrangers. Ses rues sont presque toutes tirées au cordeau; elles sont larges, bien pavées, et ont pour la plupart de faciles trottoirs. Les maisons sont en général bien bâties. Les édifices publics n'ont rien de remarquable. On y a construit, cependant, sous le gouvernement de M. le comte de Lardenay, une assez belle église derrière le morne de la Victoire, qu'on minait alors à dessein d'y faire une place. A l'une des extrémités de la ville est le Cours, promenade assez belle, mais que le voisinage de la mer rend très-malsaine à cause de toutes les immondices que les flots y poussent. Les quais en sont fort beaux et très-commodes pour le chargement et le déchargement des navires qui s'amarrent à terre comme dans nos ports. La rade offre un abri sûr aux bâtiments pendant l'hivernage, et c'est là ou aux Saintes que se retirent les navires français pendant cette saison dangereuse.

La Pointe-à-Pître est le centre du commerce de la colonie. La grande affluence d'étrangers de toute nation qui abondent dans cette ville en rend le séjour très-malsain. Déjà elle rivalise de richesses et d'affaires avec Saint-Pierre de la Martinique, et il n'y a pas de doute qu'un jour elle ne devienne beaucoup plus florissante.

Il ne manque qu'une chose à cette ville, l'eau. On avait formé le projet de l'y amener du quartier Mahant. On devait faire là, en face la Pointe-à-Pître, un vaste réservoir qui recevrait l'eau d'un torrent qui descend des montagnes; des conduits en plomb, traversant la rivière Salée, devaient faire communiquer ce réservoir avec un autre qu'on creuserait sur l'autre rive, et d'où l'eau devait se distribuer dans toutes les rues, au moyen de nombreux canaux. Ce projet était sagement conçu. L'a-t-on réalisé? je l'ignore.

La Basse-Terre, séjour du gouvernement, est moins grande, moins peuplée, moins commerçante, mais beaucoup plus saine et beaucoup plus agréable que la Pointe-à-Pître. Elle est située sur le bord de la mer à l'extrémité de la Guadeloupe proprement dite. Elle est fort allongée dans la direction du nord-ouest au sud-est; la rivière aux Herbes la partage en deux parties dans la direction approchée du nord au sud. Ces deux parties forment deux paroisses, Saint-François, sur la rive droite, le Mont-Carmel, sur la gauche. Une partie des rues ont des canaux où roule une eau claire, dérivée de la rivière aux Herbes. Cette eau, pourtant, n'est jamais propre, d'abord parce qu'on y jette toutes sortes de saletés, quoique la police le défende ; ensuite, parce qu'à chaque instant du jour, on y baigne des enfants. Cette eau ne se répand pas directement de la rivière dans les canaux ; elle est amenée par des conduits souterrains à un réservoir situé derrière l'église Saint-François, précisément au bas des degrés qui conduisent au presbytère, vulgairement appelé couvent. C'est de ce réservoir qu'elle part pour se distribuer dans la ville. Les maisons sont en général bien bâties ; les rues sont larges, mais très-mal pavées. Les plus remarquables sont : la Grande-Rue qui traverse la ville dans toute sa longueur ; les rues de l'Eglise et du Domaine, parallèles à la première ; la rue du Sable qui les coupe à angles droits ; enfin la rue des Normands. Cette ville n'a pas de quais : elle n'a qu'une très-petite cale où l'on débarque ordinairement ; ce qui serait bien suffisant si cette cale était un peu plus solidement construite et en même temps d'un plus facile accès. Mais ce qu'on nomme ainsi n'est tout bonnement qu'une très-petite jetée pavée et soutenue du côté de la mer par quelques mauvais piliers de bois. En 1822, il s'agissait de faire construire des quais. D'habiles ingénieurs, disait-on, en avaient déjà tracé le plan. On pourrait ici se demander le *cui bono* de tant de dépenses : car, la rade étant très-peu profonde, les bâtiments sont obligés de jeter l'ancre au large, et pour les charger ou les décharger, on se sert de gabares, espèces de bateaux plats, larges et ouverts par les deux extrémités, absolument semblables aux bacs que l'on voit sur quelques-unes de nos rivières. Ces gabares se dirigent à la rame et s'approchent aussi près du rivage que l'on veut. On n'a donc qu'à rouler les barils du magasin à ces bateaux; ainsi l'on sent qu'à moins que ces quais ne fussent en glacis, ils ne pourraient offrir aucune commodité; et dans ce cas, autant et même mieux vaudrait employer l'argent qu'on y mettrait à faire faire quelque chose de plus utile pour la colonie, à réparer, par exemple, les chemins de l'intérieur, qui dans certains endroits sont impraticables.

Cette cale est l'entrée de la ville pour ceux qui y arrivent par mer. Elle peut avoir soixante-douze mètres de largeur. Le trajet de la cale à la Grande-Rue peut être d'un demi-kilomètre. Il aboutit sur le Cours qui n'est qu'une partie de la Grande-Rue, beaucoup plus large dans cet endroit, et dont le milieu, planté de très-beaux tamarins, offre aux habitants un ombrage délicieux. Aux deux extrémités de cette promenade sont deux fontaines pyramidales, d'où jaillit une très-belle eau bonne à boire et dont on se sert pour les usages domestiques et pour la table.

En suivant la Grande-Rue, vers la rivière, on trouve à gauche, avant que d'arriver au pont, une petite place à l'entrée de laquelle, et sur la Grande-Rue, est encore une fontaine à quatre faces. A l'autre extrémité de cette place, se montre l'église paroissiale et préfectoriale de Saint-François dont la façade est assez belle; près de cette église est un massif de beaux sabliers, dont l'épais feuillage ombrage un assez vaste terrain qui jadis était l'asile silencieux des morts. Derrière ce massif, et sur une éminence, se fait remarquer un petit clocher construit en 1820, et qui n'a rien de remarquable.

Le pont qui fait communiquer les deux parties de la ville est mal construit, l'architecture en est lourde. A peu de distance de ce pont, sur la paroisse du Mont-Carmel et toujours dans la Grande-Rue, on voit la place du Marché-Neuf, qui est fort belle. C'est un carré long dont le plan, parfaitement horizontal, est borné d'un côté par le mur de la geôle, de l'autre par des maisons particulières; à l'une des extrémités par la Grande-Rue, à l'autre par le rivage. Ces deux extrémités sont fermées par une belle grille en fer. Presqu'au milieu de cette place est un fort beau tamarin. A quelque distance de là, on voit à gauche le vieux gouvernement; c'est un palais assez beau, où les gouverneurs faisaient autrefois leur résidence et où sont maintenant les bureaux et les archives du gouvernement; c'est là aussi que le conseil de guerre tient ses séances et que se donnent les bals et les fêtes publiques. En face de ce palais, dans une petite rue fort rapide qui conduit au champ de Mars ou d'Arbeaux, est une vaste enceinte qui renferme le greffe, la salle du conseil supérieur, érigé en 1820 en cour d'appel et celle du tribunal de première instance et de commerce.

Le reste de la Grande-Rue n'offre plus du côté de la mer que des maisons en ruine; mais à trois cents mètres environ du vieux gouvernement, on voit encore à gauche un monument digne de nos grandes villes d'Europe. C'est l'hôpital neuf; il a été construit en 1820 sous le gouvernement de M. le comte de Lardenoy; situé sur un lieu élevé, au milieu d'un très-grand terrain, il présente tous les avantages possibles pour la salubrité; il est construit en pierre de taille tirée d'un îlot des Saintes, couvert en tuile. On y peut loger fort à l'aise trois cents malades, au besoin même quatre à cinq cents. Il n'a qu'un étage et le rez-de-chaussée; il offre trois corps de bâtiments qui se tiennent et laissent entre eux un carré long d'environ quatre mille mètres de surface. Un beau jet d'eau, qui retombe dans un bassin circulaire, occupe le milieu de cet espace qui, du côté de la rue, est fermé par une belle grille en fer. Sur le vestibule opposé à la grille, on lit cette inscription :

Louis XVIII,
Roi de France et de Navarre,
Hôpital militaire de Saint-Louis,

érigé en 1820, sous le gouvernement de son Excellence Antoine-Philippe, comte de Lardenoy, lieutenant général des armées du roi, etc., etc., gouverneur. M. Siméon Roustagneuq, chevalier de Saint-Louis et de la Légion d'honneur, etc., ordonnateur.

Le 10 de juillet 1821, à 5 heures de l'après-midi, M. l'abbé Graff, vice-préfet apostolique, assisté du père Michel, curé de la paroisse du Mont-Carmel, bénit ce monument. Le gouverneur, son état-major, tous les employés, Madame la comtesse de Lardenoy, entourée de ses dames d'honneur, assistaient à cette cérémonie. Dans la cour étaient sous les armes une compagnie de grenadiers et une de voltigeurs. La musique donnait des airs analogues à la circonstance, et pendant ce temps, les sœurs de charité introduisaient les malades dans les salles.

Il était temps qu'on les délogeât, car peu de jours après cette cérémonie, l'ancien hôpital, qui était situé sur un escarpement qui domine la mer, fut renversé par un coup de vent.

Dans la cour de cet hôpital neuf, veillait le plus gros et le plus beau chien de Terre-Neuve que j'aie jamais vu.

Le palais où loge le gouverneur est très-beau et assez vaste ; il est situé sur le champ d'Arbeaux ; il fut construit sous le gouvernement des Anglais ; il est de bois, couvert en essentes. Il est séparé du vieux gouvernement par un parc bien planté, dans lequel est un beau bassin. Le tout est fermé de murs, excepté toute la façade donnant sur le champ de Mars qui l'est par une grille en fer.

La ville est défendue par le fort Saint-Charles et par la batterie Royale et celle des Illois. Le fort Saint-Charles est situé à l'extrémité sud-est de la ville, à l'embouchure de la rivière des Gallions, sur un rocher escarpé ; il est entouré de remparts, et ces remparts sont protégés du côté de la ville par de larges fossés; il renferme des casernes et une prison. Ce fort domine la ville et la rade; mais il est dominé au sud-est par la masse énorme du Houëlmont. La batterie Royale, trop malheureusement célèbre par les sanglantes éxécutions qu'on y a faites, quand on remit les noirs en esclavage, est située à l'autre extrémité de la ville, sur une éminence voisine du cimetière. La batterie des Illois est située plus loin, sur le chemin de la rivière des Pères; ces deux batteries n'ont rien de remarquable.

On ne saurait guère faire un pas dans cette ville sans avoir sous les yeux quelques scènes plus ou moins riantes, plus ou moins pittoresques. Mais il n'en est pas qu'on puisse comparer, selon moi, au beau tableau que l'on aperçoit le matin d'un beau jour, de l'extrémité sud du Cours, quand on se tourne vers l'intérieur de l'île. On a devant soi la rue du Sable, qui se dirige en ligne sur une pente rapide. Au haut de cette rue, répond l'habitation Dulion avec ses environs, lieu charmant par sa situation; derrière, et à une grande élévation, c'est le volcan et quelques autres montagnes qui se développent avec une majesté vraiment frappante. Les premiers rayons du soleil dorent d'abord le sommet de la soufrière, et semblent enflammer la fumée qui s'en échappe par cinq endroits différents, tandis que le reste du tableau est encore dans l'ombre; bientôt, en s'élevant, ce roi de la nature lance sa lumière sur le centre du paysage et paraît ainsi éloigner les montagnes dont les forêts qui les revêtent restent dans l'ombre; non, rien n'égale la beauté de cette scène ravissante! que de fois, pour en jouir, n'ai-je pas été, dès cinq heures et demie du matin, m'appuyer contre le dernier des tamarins du Cours qui répond précisément au bas de la rue du Sable! j'y découvrais toujours de nouvelles beautés que mes yeux ne pouvaient se fatiguer de contempler; j'adorais en secret la sagesse incréée qui traça le plan de ce vaste univers, et je me demandais s'il était bien possible qu'il existât des hommes assez aveugles ou assez pervers pour mettre en problème sa divine existence.

Promenades.

Les environs de la ville offrent quelques promenades agréables; d'abord, c'est le chemin de la rivière des Pères, bordé de chaque côté, ou d'acacias qui exhalent un parfum délicieux, ou de fleurs jaunes, arbustes qu'affectionne le brillant colibri, et sur la fleur desquels on le voit pomper en voltigeant son liquide aliment ; ce chemin longe la mer et se dirige au nord-ouest de la ville, sur une ligne tortueuse ; tantôt on aperçoit dans un fond la ville et une partie de ses environs couronnés par le Houëlmont, et tantôt, entre les massifs d'arbustes, la vue s'échappe sur la mer et découvre au loin les Saintes et la Dominique ; ici on se trouve entre deux masses de tufas escarpés, et là plongé dans un vallon sauvage.

Le champ d'Arbaux ou champ de Mars est la promenade la plus fréquentée ; il est situé hors de la ville, devant le nouveau palais des gouverneurs ; c'est un grand espace carré, couvert de gazon, entouré d'avenues plantées de manguiers et de palmiers alternés ; ces avenues sont sablées et offrent, de distance en distance, des bancs de bois fort commodes ; à l'extrémité de cette place, opposée au palais, est une belle fontaine ; c'est sur cette place que la troupe fait l'exercice et que les esclaves de la ville tiennent leurs *bamboulà* ou leurs danses, les dimanches et les fêtes ; c'est encore à M. le comte de Lardenoy qu'on doit les embellissements de cette promenade qui, avant son gouvernement, n'était qu'une savane ; de là, la vue s'étend librement sur la mer, sur une partie de la ville, sur le Houëlmont et les habitations qui en dépendent, sur les hauteurs du Palmiste, sur la solfatare et les montagnes voisines, sur le Matouba; c'est dire que ce lieu est charmant, et que l'amant de la nature y trouve de délicieuses et véritables jouissances.

En quittant le champ d'Arbaux par l'extrémité où est la fontaine, on se trouve sur le chemin de Desmarais, qui a bien aussi ses charmes et qui n'est guère moins fréquenté que le champ d'Arbaux; d'abord, on voit à droite une belle maison avec ses dépendances, appelée Versailles, où a demeuré pendant quelque temps l'ex-intendant M. de Foulon-Descôtiers, et où depuis on eut le dessein de former un jardin des plantes qui devait être dirigé par M. L'Herminier, pharmacien-chimiste, fixé depuis longtemps dans ce pays; on marche ensuite au milieu de beaux acacias dont les fleurs sont ou jaunes ou blanches; puis entre des terres plantées de cannes à sucre; on arrive enfin à l'une des plus vastes et des plus belles savanes de la colonie, à l'extrémité est de laquelle se trouve la sucrerie Desmarais. Cette savane est bornée, d'un côté, par la rivière aux Herbes, sur laquelle est un pont beaucoup plus beau que celui qu'on voit dans la ville; de là se voient, dans toute leur magnificence, la solfatare et les lieux environnants.

Il est encore une promenade bien justement vantée, celle du pont des Gallions ; au sud-est du champ d'Arbaux, est la rue de Lardenoy qui y conduit; c'est le chemin qui mène au camp Saint-Charles, situé à une lieue de la ville, sur un plateau voisin du Palmiste, camp où loge une partie du régiment ; ce chemin offre des pentes plus ou moins rapides et beaucoup de détours ; il passe d'abord sous le fort Saint-Charles ; là, se détournant brusquement à gauche, il descend au fameux pont des Gallions, situé sur la rivière du même nom ; ce pont est vraiment très-beau pour une colonie : il est fort long, large, horizontal ; il n'est soutenu que par une seule arche très-hardie et très-élégante; il est élevé de cent mètres au moins au-dessus du lit de la rivière ; de chaque côté est un trottoir et un parapet en pierre; sur un de ces parapets est une inscription moins effacée par les injures du temps que par la malice de certaines gens, de laquelle je n'ai pu lire que le nom d'Arbaux ; il est à présumer que c'est par les soins de ce gouverneur que ce pont fut construit. Là la vue est bornée, parce qu'on se trouve renfermé dans une gorge profonde ; passé ce pont, le chemin monte presque toujours en faisant plusieurs détours, et, à mesure qu'il s'élève, la vue découvre des objets différents ; à diverses distances, sont quelques chaumières où vont boire et manger les soldats et les nègres ; ses deux côtés sont bordés de divers végétaux, parmi lesquels ont distingue l'acacia, la fleur jaune, le manguier, le goavier, l'acajou à fruit; on ne passe guère en se promenant la hauteur du Bisdary, c'est-à-dire qu'on ne va pas à beaucoup plus de deux kilomètres de la ville. Il est souvent désagréable de se promener seul sur ce chemin, surtout les dimanches et les fêtes, parce qu'on est exposé à y rencontrer des soldats ivres qui insultent les passants, encore bien qu'il leur soit très-expressément ordonné de respecter les blancs.

Je pourrais à ces promenades en ajouter plusieurs autres qui, sans être aussi fréquentées, n'en sont pas moins agréables, telles que le camp de Boulogne et ses environs ; le chemin qui passe par le pont Dulion longe en serpentant l'habitation Coussin, et va rejoindre, près le champ d'Arbaux, le chemin de Desmarais ; celui, moins fréquenté encore, qui passe sous le fort Saint-Charles du côté de la mer, et mène à l'embouchure de la rivière des Gallions ; les environs de la rivière Sance, etc.

Quartiers, habitations, manière de construire.

La Guadeloupe est divisée en vingt et un quartiers ; chaque quartier a un commandant civil et militaire; ce commandant remplit en même temps les fonctions d'un capitaine et celles d'un maire; il commande la milice et la met en mouvement, quand il le juge à propos, pour la police de son quartier; il est seulement obligé d'en instruire le gouverneur; il indique aux habitants la partie des chemins qu'ils doivent réparer; il met en réquisition leurs nègres et leurs mulets pour faire les corvées publiques; tout ce qui regarde enfin le civil et le militaire roule sur lui; c'est ordinairement un des notables du quartier qu'on choisit pour remplir cette charge, mais ce n'est pas toujours sur le plus vertueux et le plus habile que tombe le choix, c'est ordinairement sur celui qui sait le mieux, par ses flatteries ou ses présents, s'insinuer dans l'esprit du gouverneur.

Chaque quartier, ou à peu près, a son église, mais il ne faut pas croire qu'il offre, comme nos bourgs, une réunion de maisons. Les habitants demeurent et ont leurs établissements sur leurs terres, et on ne voit près de l'église que quelques petites maisons isolées, dont une est toujours habitée par un maréchal, et les autres par divers petits marchands qui, pour la plupart, achètent des esclaves les objets qu'ils dérobent à leurs maîtres, comme rhum, sucre, café, etc; dans beaucoup de quartiers, on trouve un billard, et ce n'est pas le lieu le moins fréquenté par messieurs les créoles.

J'ai dit que les habitations sont situées sur les terres de chaque habitant, donc elles sont éparses et, autant que les localités le permettent, bâties au centre de chaque propriété, presque toujours sur des éminences. La maison de maître occupe le point le plus élevé, elle est précédée par une savane; les cases à nègres et les usines sont sous le vent, c'est-à-dire à l'ouest de la maison de maître, afin que, si un incendie venait à s'y manifester, la maison n'en fût atteinte; les cases à nègres sont rangées sur une ou plusieurs lignes, ce qui figure une ou plusieurs rues; et sur les grandes habitations, elles offrent l'aspect d'un village couronné par le château du seigneur. Là, le créole est souverain, on n'y connaît pour lois que sa volonté; d'un seul regard il fait trembler tout son peuple, et, chose étonnante, la justice, qui partout ailleurs exerce son empire sans exception, et qui va même jusque sur le trône interroger les rois, la justice ne saurait atteindre l'habitant créole; son indépendance est absolue; chez lui, il se rit du pouvoir comme il brave les foudres de la justice; il n'a à redouter ni visites domiciliaires ni saisie réelle ; aussi ces messieurs ne satisfont-ils leurs créanciers que quand ils le veulent ; je pourrais citer une foule d'anecdotes à l'appui de ce que je dis ici, mais mon indulgente humeur me fait une loi de passer outre sur ces faiblesses humaines.

En général, dans les Antilles, les maisons sont construites en bois ou en moellon; elles sont basses à cause des tremblements de terre plus ou moins forts qui se font sentir fréquemment, et des ouragans terribles qui bouleversent parfois ces fertiles contrées. Sur les habitations, c'est-à-dire à la campagne, elles n'ont ordinairement que le rez-de-chaussée ; dans les villes elles ont un étage ; on en voit pourtant, parmi celles qui sont construites en pierre, qui ont deux étages ; mais, parmi celles qui sont en bois, il n'en est peut-être pas qui ait deux étages; elles sont toutes couvertes ou en tuile ou en essentes ; les portes et les fenêtres n'ont point de vitrage, elles n'ont que des jalousies et des volets. A la Guadeloupe proprement dite, on construit avec des roches arrondies, fort dures, grisâtres, qu'on trouve en grande quantité, ou sur certains endroits du rivage, ou dans le lit des rivières, et qui ne sont autres que des fragments de lave antique roulés et usés par les eaux ; ces roches, liées par un mortier fait avec des sables volcaniques et de la chaux, offrent une grande solidité ; mais ces constructions ne résistent guère à une forte secousse de tremblement de terre ; les maisons de bois offrent donc un asile beaucoup plus sûr contre les tremblements de terre et les ouragans ; les maisons dans la campagne n'ont que le rez-de-chaussée, parce qu'étant plus isolées et plus élevées, elles sont beaucoup plus exposées à l'action destructive des deux causes dont je viens de parler.

Sur chaque habitation il y a ordinairement une case à ouragan ; elle est située à peu de distance de la maison de maître ; elle est petite, très-basse, abritée autant qu'il se peut du vent d'est, ou présentant un angle à ce point ; elle est construite en pierre ou en bois ; dans le premier cas, les murailles ont une épaisseur double ou triple de celles des maisons ; dans le second, les jambes de force, les poteaux sont multipliés à l'infini ; elle est couverte en tuiles jointes par du mortier, ou en essente ; sur cette première couverture en repose une autre de feuilles de canne à sucre, sèches et solidement fixées avec de fortes perches ; cette case n'a qu'une ouverture, et cette ouverture est à l'ouest, parce que c'est ordinairement à ce point que les ouragans expirent ; c'est dans cette case que les blancs et quelques noirs privilégiés se retirent durant la fougue du vent, et là un bon jambon d'Europe, une pièce de bœuf salé, la moitié d'un mouton bien tendre, quelques bouteilles de Médoc, de rhum et de Madère, consolent du mauvais temps.

Les cases à nègres ne sont que des chaumières qui ressemblent moins à des demeures humaines qu'à des étables; elles sont petites, sans plancher, sans solidité, et couvertes en feuille de canne.

Coupe verticale d'une case à nègre.

Population.

Rien ne doit tant varier dans les colonies que l'état de la population, tant à cause des ravages qu'y exercent les maladies occasionnées par l'inclémence du ciel, qu'à cause du nombre de ces malheureux esclaves que le commerce y introduit tous les jours; d'après les renseignements que je pris à cet égard, au bureau du domaine, en 1818, il paraît que les dénombrements présentaient alors les résultats suivants :

Blancs.

A la Guadeloupe proprement dite.... 4,719
A la Grande-Terre.................. 6,374

Gens de couleur libres.

A la Guadeloupe proprement dite.... 3,284
A la Grande-Terre.................. 4,569

Esclaves.

A la Guadeloupe proprement dite.... 28,750
A la Grande-Terre.................. 40,417

Total de la population.............. 88,113

Ce tableau pouvait être fidèle quant aux blancs et aux gens de couleur libres; quant aux esclaves, je pense que le gouvernement n'en connaît jamais exactement le nombre; la raison en est simple : c'est sur le nombre des esclaves qu'on assied les impositions; chaque propriétaire se procure au bureau du domaine, et remplit lui-même, une feuille de dénombrement dont voici la tête.

Esclaves.

Noms et surnoms.	Couleur.	Age.	Têtes de 14 à 60 ans.	Têtes au-dessous de 14 ans.	Infirmes et Sexagénes.	Observations.

Or, quiconque connaît un peu les hommes sent qu'en pareil cas il est bien difficile que ces déclarations soient sincères; et j'ai plus d'une raison pour croire qu'en effet elles ne le sont jamais; d'ailleurs, cette foule de nègres nouveaux qu'on y introduit journellement, comment les déclarer sans provoquer les rigueurs d'un gouvernement sage, qui défend formellement la traite, comme un outrage fait à la nature et comme une violation des saintes lois de l'humanité.

Tout le monde ne sait ce qu'on entend par gens de couleur : il est bon de le faire connaître. Ce ne sont pas seulement les noirs qu'on nomme ainsi, mais encore toute personne née soit immédiatement soit médiatement du commerce impur d'un blanc et d'une femme noire. Dans cette race, on remarque une infinité de nuances différentes, et, par un assez petit nombre de générations, la couleur noire disparaît tout à fait; j'ai vu des quarteronnes qui rivalisaient de blancheur avec les plus belles créoles; et combien, à la Guadeloupe même, la fortune et le temps en ont-ils fait passer de cette classe dans celle des blancs !

Les gens de couleur, dans cette dernière acception, font peut-être les trois cinquièmes de la population, triste effet d'un libertinage effréné.

Culture.

Je ne parlerai ici de la culture que sous le rapport de l'étendue des terres cultivées ; je parlerai ailleurs des plantes qui en font l'objet, et je donnerai une idée des établissements destinés à leurs diverses préparations.

Les terres sont mesurées par carrés, et le carré contient, si je ne me trompe, cent toises de côté.

Le tableau suivant peut à cet égard satisfaire la curiosité.

CARRÉS DE TERRE PLANTÉS.		
En canne à sucre	à la Guadeloupe proprement dite....................	6,149
	à la Grande-Terre..........	9,888
En cafiers....	à la Guadeloupe..........	2,145
	à la Grande-Terre..........	2,576
En coton.....	à la Guadeloupe..........	368
	à la Grande-Terre..........	2,295
En cacao.....	à la Guadeloupe..........	51
	à la Grande-Terre..........	9
En vivres.....	à la Guadeloupe..........	938
	à la Grande-Terre..........	1,298
En manioc....	à la Guadeloupe..........	1,536
	à la Grande-Terre..........	2,046
En savanes...	à la Guadeloupe..........	5,986
	à la Grande-Terre..........	7,989
	Total des terres cultivées...	43,274

On compte à la Guadeloupe proprement dite 143 manufactures à sucre et 243 à la Grande-Terre ; dans cette dernière, on ne voit que des moulins à vent ou à bêtes ; dans la première, tous les moulins marchent par l'eau ; mais si l'eau manque à la Grande-Terre, on y a un avantage qu'on n'a pas à la Guadeloupe, c'est que presque partout on peut se servir de la charrue pour labourer la terre, en sorte que, toutes choses d'ailleurs égales, il faut à la Grande-Terre beaucoup moins d'esclaves qu'à la Guadeloupe, où l'on est obligé de faire labourer à la houe.

La Guadeloupe a 52 manufactures à café, 63 à coton, 8 à cacao, et 95 à vivres.

La Grande-Terre en a 333 à café, 205 à coton, 3 à cacao, 93 à vivres.

Sur les habitations à vivres, on ne cultive que des légumes, des fruits et des racines de toute espèce ; on y élève des vaches pour en vendre le lait. Quoique les pâturages soient très-abondants, les vaches ne donnent du lait qu'en très-petite quantité, et ce lait ne fournit que très-peu de crème ; aussi ne fait-on pas de beurre ; ce sont ces habitations qui approvisionnent les marchés ; les autres habitants ne font sur leurs terres que les vivres nécessaires pour leur maison.

Tout le monde n'est pas riche; mais, par un sot et vain orgueil, tout le monde veut le paraître; et, à la Guadeloupe comme partout ailleurs, tel qui n'a que le nécessaire veut rivaliser de luxe avec tel autre que l'aveugle fortune a comblé de ses dons; le goût du luxe et d'une brillante toilette tourmente principalement les femmes; or, pour le satisfaire, voici comment s'y prennent la plupart de celles qui n'ont que bien juste de quoi fournir aux dépenses de leur maison; dès l'aube du jour, elles envoient sur les chemins une domestique de confiance acheter, des nègres qui descendent des habitations, une certaine quantité de vivres qu'elles ont, par ce moyen, au-dessous du cours; cette domestique va de là s'établir sur la place du marché, et, en détaillant ces vivres, fait un bénéfice quelconque; et c'est ce bénéfice qui procure à madame ou à mademoiselle cette ceinture, ce fichu d'un nouveau genre, cette robe d'un goût tout moderne, etc.; c'est ce bénéfice qui rafraîchit les plumes ou les fleurs de ce beau chapeau de paille fine d'Italie qui orne si gracieusement sa tête et la protége contre les ardeurs d'un soleil des plus ardents, qui ne respecte rien.

Caractère, mœurs, éducation des créoles blancs.

Beaucoup de nonchalance et de paresse dans les exercices du corps, beaucoup de fausseté dans les opérations de l'esprit, et pourtant beaucoup de présomption; des passions fougueuses à l'excès, un orgueil démesuré qui fait qu'ils se croient au-dessus de tous leurs semblables, quoique d'ailleurs leur origine, qui ne se perd pas encore dans la nuit des temps, n'ait rien de bien brillant; de la coquetterie chez les femmes, de la galanterie chez les hommes, voilà à peu près le fond du caractère des créoles. Chez eux, la fortune tient lieu de tout. Est-on riche, on est savant, plein d'esprit, on est prince, on est roi; est-on pauvre, ou n'a-t-on que le simple nécessaire, eût-on d'ailleurs un génie transcendant et des qualités éminemment remarquables, on n'est qu'un pauvre diable, indigne des regards de ces divinités insulaires. On ne s'étonne pas que le créole fasse son idole de la richesse, parce que, ne vivant pour ainsi dire que de passions, la richesse toute seule peut lui fournir les moyens de les satisfaire. Mais qu'il ne regarde et n'accueille qu'avec un mépris insultant quiconque n'a pas comme lui de vastes domaines, qu'il se croie au-dessus de tous les hommes, uniquement parce qu'il est riche, c'est ce qu'on ne saurait lui passer ; car, si l'on en excepte quelques familles distinguées et vraiment recommandables, que sont, dans l'origine, ces dédaigneux créoles? d'heureux aventuriers dont l'unique talent fut de contraindre, par la force, des hommes comme eux de sacrifier à leur vanité leurs veilles, leurs sueurs et même les plus doux sentiments de la nature.

Il est pénible de le dire, mais malheureusement rien n'est plus vrai, s'il y a des mœurs à la Guadeloupe, il n'y a guère de moralité, moins encore de religion; la vertu n'y est qu'un nom qu'on ne comprend pas; et, nulle part, la morale d'Épicure n'eut plus de partisans. Avoir toujours bonne table, s'amuser, jouir, comme on dit, de la vie, c'est la philosophie du créole.

A leurs discours, cependant, quelquefois à leur extérieur, on jugerait les créoles plus favorablement; en les étudiant, le charme cesse bientôt.

Si le désordre moral est extrême à la Guadeloupe, si l'appât des richesses y fait commettre tant d'injustices, il ne faut pas s'en étonner; l'instruction religieuse y est à peu près inutile; on n'a pas soin, comme en Europe, d'inspirer de bonne heure aux enfants la crainte et l'amour de la divinité ; on les laisse vivre jusqu'à seize ou dix-huit ans sans leur donner ou leur faire donner la moindre notion sur ce qu'ils doivent à leur créateur, à leurs semblables, à eux-mêmes ; et c'est lorsque les passions, portées à leur maximun d'effervescence, exercent sur eux un empire absolu, c'est lorsque l'amour brûle leur cœur d'une flamme souvent impure, qu'on leur parle pour la première fois de morale et de religion. Et pourquoi ? parce que c'est à cette époque qu'on pense à les engager dans les liens du mariage. On dispose tout à cet égard, puis on se rappelle qu'il est une cérémonie consacrée par un antique usage et qui doit précéder ; une cérémonie *sine quâ non*, la première communion ; alors, on les fait inscrire à l'église ; trois mois avant la cérémonie commencent les instructions, et c'est dans cet intervalle qu'il faut leur apprendre les principes et les devoirs sacrés de la religion ; c'est dans trois mois qu'il faut développer, échauffer et faire croître le germe précieux et délicat de la vertu dans des cœurs agités par mille passions et que l'amour entraîne ; aussi, qu'arrive-t-il ? chacun le devine aisément : cette dévotion de circonstance n'étant qu'un édifice construit sur le sable, s'écroule promptement ; les leçons qu'on a reçues s'oublient, on reprend son train de vie accoutumé, et on finit sa carrière comme on l'avait commencée.

Savoir lire et écrire, un peu de grammaire, de géographie, les premières règles de l'arithmétique, quelques éléments d'histoire, voilà l'éducation que reçoivent chez eux les créoles des deux sexes et le *nec plus ultrà* de ce qu'on en peut attendre, n'étant point susceptibles du degré d'application qu'il faut apporter pour de profondes études.

Si nous voulons découvrir la cause de cette inapplication chez les jeunes créoles, c'est, je pense, dans la manière de les élever durant leurs premières années qu'il la faut chercher. Une tendresse aveugle, pour ne pas dire coupable, dans les parents, fait qu'on passe tout à l'enfant, même les caprices les plus bizarres; tout ce qu'il dit, tout ce qu'il fait est bien; tout cède à ses fantaisies; il devient nécessairement volontaire, indocile, colère, entêté; on lui laisse un empire absolu sur les esclaves de la maison; il les tyrannise à son gré : il n'a jamais tort. On lui inspire dès le berceau l'amour du luxe et l'orgueil des richesses; loin d'étouffer ses passions naissantes, on les allume au feu d'un scandaleux exemple; on n'a devant lui aucune retenue, ni dans les discours ni dans les actions; c'est quand il est ainsi préparé et qu'il a atteint dix, douze ou quinze ans, qu'on l'envoie aux écoles. On vient dire à un maître : Voici mon fils, faites-en un homme, à peu près comme on dirait à un statuaire : Voici un bloc de marbre, faites-en un Apollon. Faire de votre fils un homme, et un homme instruit, la chose est vraiment bien facile! il est indocile, volontaire, insolent, vicieux, entêté! Encore, si le maître avait sur lui toute l'autorité qu'il doit avoir, et qu'on lui confie partout ailleurs que dans les colonies, quelques mauvaises qualités qu'eût cet enfant, pourvu qu'il ne manquât pas d'intelligence, on en tirerait un parti quelconque; mais telle n'est pas la prétention du père ou de la mère; ils voudraient que l'enfant fût instruit et pourtant qu'on ne le captivât pas, qu'on n'usât point à son égard des moyens ordinaires pour faire naître chez lui la bonne volonté; ils offrent même, pour cela, de payer davantage! Pauvres gens qui s'imaginent qu'avec de l'or on peut tout se procurer! Mais l'étude, par elle-même, a quelque chose de rebutant; comment donc se flatter qu'un petit être tout plein de vanité et d'orgueil, follement idolâtré, qui n'a jamais suivi que ses penchants, obéi qu'à lui-même, et qui, contre tout, trouve un appui dans la faiblesse de ses parents, comment, dis-je, se flatter qu'un tel enfant se captivera, de lui-même, assez pour apporter aux leçons du maître la dose d'attention nécessaire pour qu'il puisse en recueillir quelques fruits?

Trop aveugles créoles, que vous entendez mal l'intérêt de vos enfants ! En les privant ainsi d'une bonne et solide éducation, vous leur fermez pour toujours la source des vrais plaisirs. Que de malheurs vous accumulez sur leurs têtes ! de combien de consolations ne privez-vous pas leurs vieux jours ! mais pour bien sentir ces vérités, il faut connaître ce que vous ne connûtes jamais, tout le prix de l'éducation. Quiconque n'a pu jouir du bienfait de la lumière, ne sait l'apprécier.

C'est avec peine que j'écris ces lignes ; j'aurais voulu les pouvoir supprimer ; mais il eût manqué quelque chose à mes notes, et, dans la nécessité où j'étais de parler du caractère, des mœurs et de l'éducation des créoles, devais-je trahir la vérité ? Ce qui me console un peu, c'est que si l'on essayait ici de me faire un reproche, ce ne pourrait être que celui de n'avoir pas dit tout ce que je sais à cet égard.

Aspect de la Guadeloupe proprement dite.

Si, de quelque point que ce soit du rivage, l'on porte ses regards sur la Guadeloupe, on n'aperçoit guère qu'une pente extrêmement rapide, qui semble ne se terminer qu'au pied des hautes montagnes qui occupent le milieu de cette île ; mais pour peu qu'on avance dans l'intérieur, la scène change bientôt. On ne voit plus que des montagnes, des escarpements, des précipices, des vallons, des gorges, des torrents, des cascades, des savanes et des bois.

Ce beau pays, par la diversité de ses sites, ressemble assez à la Suisse. On n'y trouve pas, il est vrai, comme dans celle-ci, ces masses énormes qui étonnent l'imagination ; les groupes sont moins isolés, les précipices moins profonds ; rien à la Guadeloupe ne peut représenter la chaîne majestueuse des Alpes dont les sommets, couverts de glace et de neige, vont se perdre dans l'immensité des cieux. On n'y voit nulle part un spectacle d'un aussi grand caractère que celui dont on jouit, par exemple, ou sur la plate-forme de Berne ou sur le haut du mont Blanc. En Suisse les tableaux sont plus vastes, à la Guadeloupe ils sont renfermés dans des cadres plus étroits. Là, la nature est plus variée, plus grande, plus hardie ; ici, elle est plus riche, plus animée, mais plus monotone.

L'effet que l'on remarque du rivage se reproduit, en sens contraire, aux yeux du voyageur placé sur le sommet des hautes montagnes : la plaine inclinée va se terminer à la mer.

Sur le point le plus élevé du volcan, on prendrait aisément l'île tout entière pour une seule montagne. Quel riche tableau s'offre là aux regards surpris de l'amant de la nature ! Si, comme sur les cimes imposantes et terribles du Cotopaxi, du Chimborazo, du mont Blanc et du Sulitelma, on ne voit pas, sous soi, se former les orages et les tempêtes, si l'on n'entend pas le tonnerre gronder sous les pieds, si l'on ne se trouve pas suspendu entre une mer de nuages, sillonnée par des éclairs, et cette voûte immense où roulent avec pompe des globes de feu, cette scène n'en a pas moins un caractère grand et sublime, bien propre aussi à remplir l'âme des plus nobles pensées et à la conduire aux plus profondes méditations. Essayons d'en donner une idée.

Tout ce qu'on m'en avait dit m'avait fait concevoir le projet d'aller moi-même en jouir ; pour cela, je choisis un des plus beaux jours du mois d'avril, époque de l'année la plus favorable pour voyager dans l'intérieur. J'étais accompagné d'un ami et d'un guide ; l'aurore commençait à peine à paraître, que déjà nous étions sur un des pitons de la Soufrière. Le ciel était sans nuages, les étoiles brillaient encore d'un vif éclat. L'air était frais et tranquille, tout reposait dans un morne silence que notre voix seule pouvait rompre. Pas une feuille qui pût exciter le plus léger murmure des zéphirs, dans cette retraite inconnue aux chantres des bois. Ce silence absolu produisait sur mon âme une impression que je ne puis rendre. Mes organes, accoutumés à mille bruits divers, goûtaient un repos délicieux. La nuit n'avait pas encore retiré ses voiles, on ne voyait bien qu'autour de soi. Enfin les astres pâlirent, l'orient se para d'un pourpre magnifique; mes regards tombèrent sur l'immense empire des eaux, au sein desquelles l'île tout entière semble n'être qu'un point. Sur le plan de ce vaste horizon, se montraient, à diverses distances, les îles d'Antigoa, de Saint-Christophe, de Monserrat, de la Désirade, de Marie-Galante, des Saintes, de la Dominique et de la Martinique. Cependant, le père de la lumière sort du sein des mers, et semble nous lancer, de bas en haut, ses rayons naissants. Le tableau s'anime; chaque objet apparaît plus distinctement. Armé d'une bonne lunette, l'œil découvre des habitations jusque sur les montagnes de la Dominique et voit blanchir l'onde sur les récifs de la Martinique. En abaissant tout à fait nos regards, et en les promenant autour de nous, ils posaient successivement sur les divers points de l'île où nous étions. Nous voyions alors sous nous, et à des profondeurs inégales, des montagnes et des précipices, des forêts et des terres diversement cultivées, des torrents qui fuyaient par mille détours ou se précipitaient en cascades; cent fumerolles différentes par où s'exalait, du sein du volcan, une fumée plus ou moins abondante; tantôt de légers nuages blancs qui flottaient dans l'atmosphère nous dérobaient une partie de cette scène magnifique, et tantôt, enveloppés nous-mêmes dans un de ces nuages, nous ne voyions plus que l'affreux désert où nous étions élevés. A la vue de tant et de si grandes beautés, toutes nouvelles pour moi, mon âme tout entière était comme abîmée dans une muette extase. Je ne pouvais m'arracher à la douce contemplation de ces objets sublimes.

Toi qui fus si sensible aux charmes de la nature, ô Virgile de la France, ô sage et immortel Delille! que n'étais-tu là; cette image était digne de ta muse éloquente! Avec quel feu, quel coloris, quelle noblesse tu eusses rendu cette scène ravissante!

Il est une foule d'autres points, sur l'étendue de la Guadeloupe, qui, sans offrir autant de pompe et de magnificence, développent cependant de grandes beautés. Ces scènes ne sont ni aussi vastes ni aussi variées; mais elles ont toutes un caractère qui agit bien puissamment sur l'âme, quoiqu'en général elles offrent un aspect plus sauvage.

Je pourrais citer ici le morne Belle-Vue, près la Basse-Terre, le groupe du Houëlmont, le plateau du Palmiste où l'on respire presque toujours un air frais et pur ; la montagne de la Madeleine, la Petite-Montagne, les hauteurs de la Cabes-Terre, la montagne Saint-Robert, les deux Mamelles, montagnes très-voisines l'une de l'autre et qui s'élèvent en pain de sucre, mais ces descriptions ne sauraient intéresser que les personnes qui connaissent les lieux.

A quatre kilomètres ou environ de la Basse-Terre, après avoir passé une gorge formée par une des extrémités du plateau du Palmiste et un des prolongements du Houëlmont, on descend dans une vaste et profonde vallée appelée le quartier du Dos-d'Ane. D'abord c'est un palétuvier qui occupe tout l'espace compris entre la base du Houëlmont et celle du morne Dragée, qui soutient de côté le plateau Palmiste. Ce palétuvier est un lieu marécageux, inculte, où croissent sans ordre des palétuviers qui lui ont fait donner ce nom ; à l'autre extrémité de ce palétuvier, s'élève une montagne isolée, ayant la forme d'un cône, dont le sommet est arrondi ; cette montagne, appelée Dos-d'Ane, a donné son nom au quartier, et c'est au pied de cette montagne qu'on commence à descendre dans cette belle vallée.

Le fond de cette vallée est on ne peut moins

régulier. Ce ne sont que des mornes et des gorges ; les chemins et les ravins y font mille détours sur des plans plus ou moins inclinés. On n'y cultive guère que le cafier, en sorte qu'elle est fort ombragée et offre au peintre de beaux paysages. Vers le centre de sa profondeur, et près de l'habitation de Doley, se trouvent plusieurs fontaines minérales thermales fort renommées, dont je parlerai ailleurs. La vue est bornée de toutes parts par de hautes montagnes, excepté du côté de la mer où cette vallée s'ouvre dans un seul endroit et laisse apercevoir les Saintes et la Dominique. On ne s'y sent pas fortement ému comme sur les sites dont j'ai parlé; mais on s'y trouve plongé, malgré soi, dans une rêverie douce et mélancolique.

Il est dans ce genre beaucoup d'autres lieux qui mériteraient bien être décrits ; mais ces détails, encore une fois, ne pouvant intéresser que les personnes qui les ont parcourus, je les supprime. Cependant, il en est un que je ne puis passer sous silence, tant à cause des souvenirs agréables qu'il me rappelle que pour sa réelle beauté. C'est la vallée du Tronchain, située à l'extrémité sud-est du quartier des Trois-Rivières, et beaucoup plus élevée au-dessus du niveau de la mer que celle dont je viens de parler.

Après avoir parcouru une étendue de terrain assez sauvage et peu cultivée, on arrive sur une éminence où l'on jouit d'une vue vraiment magnifique. En portant ses regards sur la mer, on découvre les Saintes, une partie de la Dominique, Marie-Galante et la Désirade. En les abaissant, ils planent sur la vallée.

Cette vallée est formée par la chaîne de la Madeleine. C'est de son sein que s'élève la Petite-Montagne, entièrement isolée et cultivée jusqu'au tiers de sa hauteur. Plantée en cafiers, elle offre des ombrages délicieux et des inégalités sans nombre. Tantôt les chemins se dirigent en ligne droite sur des surfaces inclinées, et tantôt ils serpentent dans des gorges profondes. La première, et sans doute la plus belle habitation qu'on y rencontre, est celle de madame Cutler. Elle est fort agréablement située au pied de la masse principale de la Madeleine; près de la maison de maître est un beau bassin, ouvrage de la nature, rempli d'une eau limpide et fraîche, amenée de la montagne par de petits ruisseaux, qui, avant de s'y joindre, roulent en murmurant sur un sol pierreux. Cette habitation est assise sur un plateau qui domine le reste de la vallée. C'est un des plus agréables séjours de la colonie. Là vivent, au sein de la piété et de la vertu, madame Cutler et ses deux demoiselles, ce qui ne doit point surprendre, car ces dames ont reçu une excellente éducation à New York.

Les quartiers des Trois-Rivières, du Dos-d'Ane et du Palmiste, semblent avoir été plus particulièrement habités par les Caraïbes, ces hommes intéressants et malheureux, inhumainement immolés à l'avarice des Européens. Du moins est-ce dans ces lieux qu'on retrouve en plus grande abondance ces instruments de pierre dont on sait qu'ils se servaient soit pour abattre et creuser les arbres dont ils faisaient leurs pirogues, soit pour faire tout autre ouvrage, puisqu'ils n'avaient point l'usage du fer et ne connaissaient point l'art d'extraire les métaux du sein de la terre. Il est même aux Trois-Rivières un lieu qui semble avoir été célèbre, chez ses premiers habitants, par les monuments qu'il renferme, monuments auxquels les créoles n'ont jamais fait attention et qu'un heureux hasard m'a fait remarquer. Je vais donner une idée de ce lieu, que je nommerai le vallon Philippon.

Ce vallon présente un angle dont un des côtés est formé, dans la direction du sud au nord, par le morne Philippon; l'autre, dans la direction du sud-ouest au nord-est, par le morne Roussel. Depuis le sommet de l'angle jusqu'à la moitié de la surface, on ne voit que des roches énormes posées sans ordre les unes sur les autres ; le reste est une belle savane qui va se terminer à la mer, où le rivage n'offre que des récifs peu élevés au-dessus de la surface de l'eau. La partie pierreuse de ce vallon est en pente, l'autre horizontale. Près du sommet est une source d'eau vive d'où part un ruisseau qui serpente dans le vallon et va porter à l'Océan le modeste tribut de ses ondes. Vers le milieu de ce vallon, et au pied du morne Philippon, se voient, dans un enfoncement, des roches grisâtres, d'une grosseur étonnante et d'une grande dureté, dont les unes sont isolées et les autres posées en tas. C'est là que sont les monuments dont j'ai parlé. Ce sont des figures plus ou moins bizarres, gravées dans ces roches à la profondeur de deux ou trois lignes et dont les traits, parfaitement conservés, et portant un cachet évident de la nullité de leur auteur dans l'art du dessin, n'ont pas moins d'un pouce de largeur. En voici quelques-unes que j'ai copiées ; elles pourront servir à l'antiquaire, ce déchiffreur de l'impossible ; peut-être fera-t-il luire quelque clarté sur la nuit qui les environne.

Le ruisseau franchi, la première pierre qu'on aperçoit porte cette figure sur une de ses faces :

(1)

A gauche s'en présente une autre beaucoup plus grosse, sur un des côtés de laquelle on voit ces signes :

Derrière celle-ci, et sur un sol resserré et à peu près circulaire, est une autre roche isolée, d'une grosseur énorme, portant ces autres signes:

Il est dans ce lieu une grande quantité d'autres roches sur lesquelles sont gravées les mêmes figures, ou d'autres qui n'en diffèrent que très-légèrement.

Une vieille tradition des propriétaires atteste que ces figures sont antérieures à l'invasion des Européens; d'ailleurs, elles portent un caractère de vétusté qui ne permet pas d'en douter. Elles sont donc bien certainement l'ouvrage des Caraïbes. On a trouvé dans ce vallon, et principalement dans le voisinage de ces roches, une très-grande quantité de haches et autres ustensiles de pierre. Madame Philippon, propriétaire actuelle, m'a assuré que, de son temps, on y a trouvé une marmite de pierre que ses nègres, peu curieux des antiques, ont brisée. Il paraît donc incontestable que ce lieu a été fréquenté par les Caraïbes; et, s'il était permis d'émettre une opinion, on pourrait dire qu'il a servi à la sépulture de leurs chefs : du moins, telle sera la mienne, jusqu'à ce que, par de bonnes raisons, on m'en ait démontré la fausseté.

Savanes, halliers.

On appelle savane dans ces contrées ce que nous appelons prairie en Europe. Ce sont des étendues plus ou moins vastes de terrain. Tandis que nos prairies sont émaillées dans le printemps de mille et mille fleurs de couleurs et de nuances différentes, une savane n'offre constamment qu'un beau tapis vert, et voici très-probablement la raison de cette différence; nous laissons croître les herbes de nos prairies pour les moissonner quand un soleil brûlant les a desséchées, et les réserver pour la triste saison des frimas, où la nature ne dispense plus ses dons que d'une main avare. Dans les régions équatoriales où l'on jouit d'un été perpétuel et où la végétation déploie toujours avec la même vigueur ses richesses infinies, les habitants n'éprouvent pas le même besoin. Leurs divers troupeaux pâturent, en tout temps, dans les savanes. Cependant, je doute que, dans le même cas, elles offrissent beaucoup de fleurs, parce qu'on n'y voit que des graminées.

J'ai dit plus haut que chaque habitation est précédée d'une savane. On ne met ordinairement dans cette savane que les bestiaux malades ou fatigués, mais tout habitant qui possède de nombreux troupeaux a d'autres savanes beaucoup plus vastes, situées sur des terrains qu'on ne peut cultiver, sur des plateaux de difficile accès, sur le penchant d'un morne ou dans le voisinage des grands bois, et c'est là que les nègres pasteurs vont chaque jour mener et garder les troupeaux de leurs maîtres. Dans les quartiers où il y a plus d'habitations sucreries, il y a aussi plus de savanes que partout ailleurs; parce que, pour l'exploitation de ces habitations, il faut un nombre de bœufs et de mulets en rapport avec l'étendue des terres plantées; et puis, les propriétaires de ces sortes de domaine étant ordinairement plus riches, ils ont tous, pour fournir leur table, un troupeau de brebis plus ou moins nombreux; il leur faut donc de plus vastes pâturages.

On appelle halliers des terres autrefois cultivées, maintenant incultes. Elles se couvrent, en fort peu d'années, de toutes sortes de plantes. Sur le bord de la mer, elles se remplissent le plus ordinairement d'acacias à fleurs jaunes et à fleurs blanches, et de quelques arbustes qu'on nomme, de la couleur de leurs fleurs, fleurs jaunes. J'en ai vu près de la Basse-Terre qui n'étaient remplis que de menthe, de baume, et de diverses autres herbacées odoriférantes. Dans les hauteurs, les halliers n'offrent que des graminées mêlées de divers arbustes, souvent de goyaviers.

Bois.

Tout le centre de la Guadeloupe proprement dite est rempli de montagnes inhabitées parce qu'elles sont inhabitables. Ces montagnes et tous leurs environs sont couvertes de grands bois aussi vieux, pour ainsi dire, que le terrain qui les porte.

Ces bois ne ressemblent en rien à nos forêts. Les arbres y sont beaucoup plus gros, beaucoup plus élevés, beaucoup plus serrés. Dans certains endroits, ils forment des massifs tout à fait impénétrables; leurs sommets se touchent, s'entrelacent et forment un voile épais que les rayons des plus beaux jours ne peuvent pénétrer. De grosses et fortes lianes qui montent, en formant des spirales, autour du tronc, lient si bien ces sommets réunis, qu'elles traversent dans tous les sens, que la hache du bûcheron couperait le pied d'un de ces arbres qu'il ne tomberait pas. Ces lianes redescendent souvent du sommet des arbres jusqu'à terre. J'en ai vu quelquefois qui étaient sèches; je prenais plaisir à les frapper avec ma canne; elles tombaient comme une pluie, en myriades de petits fragments et faisaient entendre mille éclats qui se prolongeaient dans tous les détours.

Sous l'ombre de ces grands végétaux croissent des arbrisseaux différents chargés d'aiguillons qui rendent le passage bien difficile, et souvent impossible; et ce n'est qu'un coutelas à la main qu'on peut s'y ouvrir des sentiers. Ceux mêmes que les chasseurs y ont pratiqués se recouvrent et disparaissent promptement s'ils n'ont pas soin, de temps à autre, de les rouvrir, tant la végétation y est active.

Dans les bois qui recouvrent les montagnes ou tout plan incliné, on n'aperçoit pas la terre. Les racines des plantes, qui se croisent en cent façons, y sont entièrement à découvert, effet des grandes pluies qui entraînent le terreau dans les fonds. Rien de plus difficile que de marcher sur ces racines quand elles sont mouillées; on glisse à chaque pas; heureux quand on peut se soutenir ! Je me rappelle, surtout, un voyage que j'y fis dans un jour pluvieux : sans être plus maladroit qu'un autre, je tombai plusieurs fois, et je revins non sans quelques contusions et le visage et les mains tout écorchés.

Des branches énormes séparées de leur tronc, des arbres tout mutilés, ou entièrement renversés, feraient croire que, comme les nôtres, on exploite ces forêts. Ce ne sont pourtant que les effets de ces ouragans fougueux qui ne ravagent que trop souvent ces riches et belles contrées.

Ces bois n'appartiennent à personne, ou plutôt

appartiennent à tout le monde. Chacun y a un droit égal. On y éprouve un sentiment de liberté qu'on n'éprouve point ailleurs. Là, seul avec la nature, on se croit transporté aux premiers âges du monde, où l'homme, sans faste, sans orgueil, sujet seulement à la loi éternelle, coulait en paix des jours purs et tranquilles.

Je ne ferai point l'énumération des diverses espèces d'arbres qui croissent dans ces bois. J'en nommerai seulement quelques-uns qu'un fréquent usage a rendus célèbres. On y trouve donc :

Le gommier, grand et gros arbre à bois résineux dont on fait les pirogues, et bien connu, sans doute, des Caraïbes.

L'acomat franc et l'acomat boucan, dont le bois, très-dur, incorruptible, est d'un grand usage dans les constructions. On s'en sert principalement pour les moulins à sucre.

Le pistolet, bois très-compacte, susceptible d'un beau poli; on en fait des meubles.

Le bois rouge, d'un tissu très-serré, d'un rouge foncé, prenant un très-beau poli. Il sert également à la fabrication des meubles.

Le bois vert, très-compacte, incorruptible, d'un vert clair ; sa piqûre occasionne le tétanos, ensuite la mort, si l'on ne reçoit de très-prompts secours.

Le bois gris, de construction.

Le cypre, de construction, brun, répandant, quand on le travaille, une odeur agréable de gingembre qui excite les larmes. Il est une variété de celui-ci qu'on appelle cypre blanc, moins estimé et dont l'odeur est tout à fait désagréable.

Le bois d'ail, de construction, ainsi nommé parce qu'il exhale, quand on le coupe, une odeur ailliacée.

Le brésillet, dont le bois, très-lourd, jaunâtre, d'un tissu serré, sert à faire des chaises.

Le bois jaune, de construction, incorruptible, très-dur.

Le bois-bandé, aphrodisiaque

Le caconier, de construction, très-dur, rougeâtre.

Le bois côtelet, de construction, grisâtre, très-dur.

Le bois de fer, noir, très-dur, incorruptible, de

construction, répandant, quand on le brûle, une agréable odeur.

Le baraqua, bois de construction dont on fait aussi des chaises et autres meubles. Son fruit, qui ressemble à une pomme, a la vertu singulière d'enivrer ou d'endormir le poisson. C'est un des moyens dont les nègres se servent pour pêcher ; ils en sèment des morceaux dans les rivières et les étangs, et les poissons qui en mangent viennent flotter, comme s'ils étaient morts, à la surface de l'eau.

Le citronnier rouge, à petits fruits rouges, et le citronnier noir, à petits fruits noirs, tous deux bois de construction. Les ramiers semblent faire leurs délices de leurs fruits.

Bois diable, de construction, très-réfractaire.

L'acajou à meubles, tout différent de l'acajou à fruits, et dont on fait des meubles. Il est bien loin d'égaler en beauté celui de Saint-Domingue. Beaucoup plus poreux, il n'est point susceptible, à beaucoup près, d'un aussi beau poli ; et puis sa couleur rouge pâle ne se peut point comparer à celle du Saint-Domingue.

Le bois de rose, employé avec tant de succès dans l'ébénisterie.

Bois-dou-caca, de construction, dur, répandant, lorsqu'on le travaille, la fétide et rebutante odeur des excréments humains ; cette odeur est si forte qu'elle attire, sur ceux dont les vêtements en sont imprégnés, les mouches des environs.

Le coubaril, bois très-dur, prenant un très-beau poli, d'une belle couleur marron et dont on fait toutes sortes de meubles.

Le savonnier, dont les baies, ramollies et macérées dans l'eau, forment un bon savon qui mousse presqu'autant que le savon ordinaire; j'ai eu la curiosité de m'en servir pour ma barbe, et j'en ai été fort content.

Le fromager, d'une grosseur extraordinaire; j'en ai mesuré un qui avait deux mètres trois décimètres de diamètre. Il en est un aux Trois-Rivières, sur le bord du chemin et devant l'habitation de M. Venture, se disant de Paradis, qui offre presque cette dimension ; je ne l'ai cependant pas mesuré. Cet arbre superbe porte un fruit allongé dont le plus grand diamètre varie de quatre à cinq pouces, et rempli d'un beau coton soyeux, d'un gris jaunâtre, dont on fait des oreillers.

Ces bois offrent de grandes richesses aux botanistes. La classe des cryptogames y est surtout très-nombreuse. On y voit des fougères et des mousses d'une rare beauté. Presque tous les arbres portent des plantes parasites de diverses espèces. Les nègres appellent ces plantes *grands mouchés (grands messieurs)*, parce qu'elles vivent aux dépens des autres : ils se connaissent en parasites !

On n'entend point dans ces bois, comme dans nos forêts, le concert ravissant de mille oiseaux divers qui célèbrent leurs tendres amours. Le silence de ces lieux n'est interrompu que par le cri sauvage de quelques espèces dont je parlerai plus loin. Il n'y a point d'oiseaux chanteurs dans la colonie.

Dans les bois qui se trouvent entre la Soufrière et la Grande-Citerne, que je ferai connaître ailleurs, aussi bien que dans ceux qui sont situés au nord du volcan, on voit çà et là de petites fumerolles qui exhalent une fumée assez abondante. On connaît dans toute l'étendue des bois plus de quatre-vingts sources thermales, et comme la plupart de ces sources donnent naissance à des torrents, je parlerai des principales à l'article des rivières.

Les animaux qu'on trouve le plus souvent dans les bois, sont :

Parmi les mammifères :

Le rat à dos noir, le rat à dos gris, le rat d'eau, l'agouti.

L'agouti vit de graines de palétuvier jaune, de fruits d'icaque, de graines de pistolet, de racines de manioc, de patates, de bananes ; les heures de ses repas semblent être réglées : c'est ordinairement entre six et sept heures du matin et entre quatre et cinq heures du soir qu'on le voit manger. C'est une observation que les chasseurs ont faite. Il habite les arbres creux, y fait son nid avec des feuilles sèches, et a ordinairement quatre à cinq petits à la fois. On le chasse au fusil, avec des piéges, ou au chien courant. Comme entre ses repas il ne s'écarte guère de son trou, le chasseur veille dans le voisinage du lieu d'où son chien l'a fait lever. Après avoir fait faire, à l'ennemi qui le poursuit mille et mille détours pour lui donner le change, l'agouti revient enfin à son trou, et le chasseur lui lâche son coup de fusil. Quelquefois, poursuivi de trop près par le chien, il monte se cacher dans le creux d'un autre arbre, et, pour l'en déloger, une légère fumigation faite avec un peu de paille, de papier, ou de toute autre chose, est le seul moyen que le chasseur emploie.

On y trouve aussi l'anolis et le mabouïa.

Parmi les oiseaux :

Le coucou-manioc, le sucrier, le mangeur d'herbe, le gros-bec, le siffleur, le pericho, le gligli; quelques espèces d'oiseaux-mouches; la tourterelle, l'ortolan, le ramier à tête blanche, le gros et le petit ramier à cou rouge, le ramier cendré, la perdrix à croissant, la perdrix rouge, la perdrix noire, la grosse grive, la grive verte, la grive à pieds jaunes, la grive trembleuse, la grive gros bec, la grive tapeuse; celle-ci a le plumage noir, elle ne vit que de fourmis et d'insectes qui se trouvent sur les arbres; en cela, elle diffère des autres espèces qui se nourrissent de graines. La bécasse, le crabier, le diablotin.

Ce dernier mérite une attention particulière. Je dirai sur ses mœurs ce que m'en a appris une personne digne de foi, qui les a étudiées et qui doit les connaître aussi bien que qui que ce soit, de M. Marie Michaud, habitant du Palmiste, un des plus fameux chasseurs de la colonie.

Le diablotin, espèce de pétrel, est plus gros qu'un pigeon; son plumage est blanc sous le ventre, grisâtre partout ailleurs; ses jambes sont courtes, ses pattes noirâtres, conformes à celles du canard; son bec, long de deux pouces environ, est pointu à l'extrémité; la partie supérieure, recourbée par le bout, dépasse la partie inférieure; sa queue est courte, ses ailes très-longues; il ne vit que de poisson; sa chair est huileuse, coriace, mais d'un goût agréable; les créoles l'estiment singulièrement; il a presque le cri d'un canard sauvage.

Cet oiseau n'habite pas l'île toute l'année, et pendant le séjour qu'il y fait, il se tient dans les montagnes. A la fin du mois de septembre, il vient faire et préparer son nid; ce travail, qui dure à peu près quinze jours, étant fini, le diablotin disparaît: on ignore où il se retire.

Ce nid ne ressemble point à celui de tout autre oiseau. C'est dans le tuf des montagnes que le diablotin le construit; il creuse un trou, en suivant une ligne droite et horizontale, dont la profondeur varie de deux à quatre pieds; arrivé là, il en pratique un autre qui coupe celui-ci à angle droit et auquel il donne à peu près la même longueur, et c'est au bout de cette double galerie qu'il prépare le lieu circulaire où il dépose sur quelques feuilles sèches le doux fruit de ses amours.

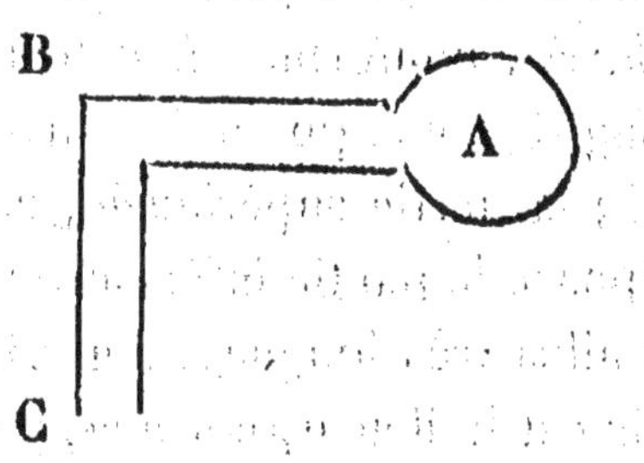

A, le nid. — B, C, les galeries. — C, l'entrée.

Comme l'hirondelle, cet oiseau revient chaque année au même nid ; mais il l'abandonne ou le creuse beaucoup plus profondément, s'il vient à s'apercevoir qu'on l'ait découvert. Il en est, dans ce cas, dont la première galerie a plus de dix pieds de profondeur.

Dans les derniers jours de novembre, on le voit revenir ; c'est alors qu'il pond, et un œuf tout seul, de la grosseur de celui d'une poule. Le mâle et la femelle couvent alternativement, en sorte qu'il y en a toujours un au nid. Il couvent environ six semaines.

C'est entre sept et neuf heures du soir que les

diablotins vont en compagnie à la mer plonger pour se procurer de petits poissons dont ils font leur nourriture et celle de leurs petits ; ils reviennent entre trois et cinq heures du matin, et ils ne se séparent que dans le voisinage des montagnes pour retourner à leurs nids. Ceux qui tardent trop à revenir et qui se laissent surprendre par le jour, ne peuvent regagner leurs nids : ils tombent à terre, sans doute parce que l'éclat de la lumière les aveugle.

On a constamment observé que, quand on chasse toujours dans le même lieu, le nombre de diablotins diminue chaque année à raison de ce qu'on en a tué, et que ce lieu devient enfin désert, quoique le voisinage en soit toujours également peuplé ; que si, pendant autant d'années on ne les chasse pas, leur nombre augmente chaque année dans la même proportion qu'on l'a vu diminuer, et redevient enfin à peu près le même. Ces animaux vivraient-ils en tribus ou en familles sans se mêler ? ou, après s'être partagés les montagnes, seraient-ils assez scrupuleux observateurs de leurs conventions pour ne pas envahir un terrain qui, dans l'origine, ne leur aurait point été accordé ? Quoi qu'il en soit, cet animal est bien digne de fixer l'attention des naturalistes.

Quand le père et la mère ont donné à leurs petits les soins que la nature exige, ils partent pour ne revenir qu'aux derniers jours de septembre prochain. Ils sont alors d'une maigreur extrême.

Il est une variété de diablotin qu'on appelle campin ou maupin. Il a les mêmes mœurs, pratique son nid de la même manière. Il ne diffère du diablotin qu'en ce qu'il est plus petit, qu'il vient à des époques différentes, et qu'il n'habite que les montagnes voisines de la mer, comme le groupe du Houëlmont, le morne Palmiste, le morne de la Graine-Verte. Il vient faire son nid à la Toussaint, et revient pondre à Noël.

C'est au mois de mars que les petits diablotins qu'on appelle cotons sont bons à manger, et c'est alors qu'on en commence la chasse.

Cette chasse se fait de jour et de nuit. La chasse de jour n'a rien de bien amusant, elle se fait avec des chiens qui entrent dans les trous et en rapportent les cotons morts ou vifs.

La chasse de nuit est beaucoup plus intéressante, elle se fait à la pipée; je vais en donner une idée.

Quelques jours avant de commencer la chasse, on va dans les bois préparer un ajoupa. C'est un appentis dont un bout pose par terre, l'autre est soutenu par quelques perches situées verticalement; cet appentis est couvert de feuilles de séguine, de balisier, de roman-bâtard, espèce de roseau qui ressemble à la canne à sucre, quelquefois de feuilles de palmiste. Sous cet ajoupa, on prépare un lit de feuillage, et c'est ordinairement des feuilles de l'orme, arbrisseau très-commun, qu'on se sert à cet effet, parce qu'elles conservent moins l'humidité que toutes autres, et que, étant petites et disposées en bouquets, elles font un lit plus élastique.

Coupe verticale de l'ajoupa.

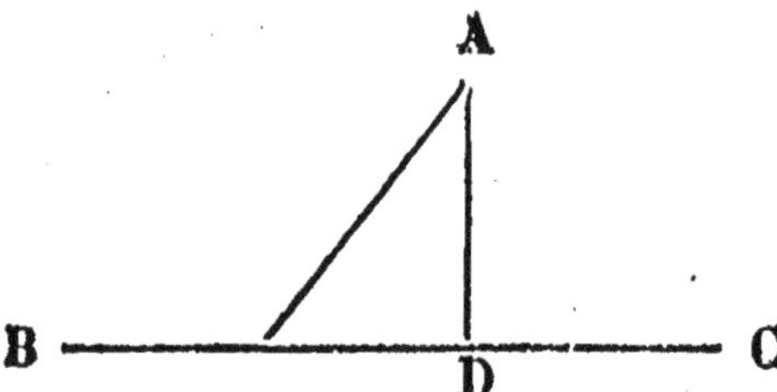

B, C, le terrain. — A, B, l'appentis. — A, D, la perche.

Quand l'ajoupa est ainsi disposé, les chasseurs se rassemblent. J'ai dit que les diablotins sortent de leurs trous entre sept et neuf heures du soir pour aller pêcher, et qu'ils ne reviennent qu'entre trois et cinq heures du matin. C'est à ces différentes époques seulement qu'on peut chasser.

Donc, quand les diablotins commencent à se faire entendre, le chasseur s'assied, reste immobile et pipe toujours de la même manière. L'oiseau s'avance, s'abat sur lui, et vient mettre le bec dans sa bouche. Le chasseur, avec adresse et promptitude, le saisit par le cou et l'étouffe afin qu'il ne puisse crier; car, au plus léger cri, les autres, qui le suivent, s'enfuiraient sans retour. On en prend quelquefois vingt dans une pipée, et on appelle pipée chacun des intervalles où l'on peut chasser.

Après la première pipée, c'est-à-dire après neuf heures du soir, il n'y a plus un seul diablotin dans les bois, et au cri lugubre de ces oiseaux nocturnes succède le plus profond silence. C'est alors que les plaisirs de la chasse commencent.

On fait un grand feu près de l'ajoupa, on allume des torches faites avec du bois, des feuilles et de la résine de gommier; on prépare un festin, chacun se met à l'œuvre; l'un plume les diablotins, l'autre fait des broches avec des rameaux de manglier;

celui-ci fait dans un coui (moitié de calebasse) une sauce piquante avec du beurre, du jus de citron, du vinaigre et du piment ; celui-là, avec un fauconot [1], espèce de vase fait avec une feuille de séguine, et qui peut contenir deux ou trois pintes, va puiser de l'eau à une source voisine, tandis qu'un autre fabrique des gobelets avec des feuilles de différentes espèces.

On dresse le souper sur le gazon ; une pièce de bœuf salé, une morue salée, bien blanche et bien épaisse, quelques bouteilles de Médoc et de Madère, quelques flacons de rhum accompagnent les diablotins. On mange, on boit, on chante, on rit. Après ce joyeux repas, on se couche sur le lit de fouillage ou l'on reste à parler auprès d'un bon feu.

A trois heures du matin, tout le monde est sur pied ; le cri des diablotins commence à se faire entendre; on couvre le feu, on éteint les flambeaux, et la seconde pipée commence. Vers cinq heures, quand tous les diablotins sont rentrés dans leurs trous, qu'on ne les entend plus voltiger dans les

[1] Rien de si simple que de faire un fauconot : on se met sur la tête une feuille de séguine, et pour qu'elle conserve la forme de la tête, on en roule les bords.

bois, on rallume le feu, on fait du café; après l'avoir pris, on partage les diablotins, puis chacun retourne chez soi.

Rivières.

Les rivières de la Guadeloupe ne sont que des torrents qui ont leur source dans les grands bois, au pied ou sur le flanc des montagnes; ces sources sont alimentées par les pluies, par les nuages, et par les vapeurs humides qui reposent presque continuellement sur le sommet des hautes montagnes; et ce n'est point ailleurs qu'il en faut aller chercher l'origine. A la Grande-Terre, il n'y a point de rivières, parce qu'il n'y a point de montagnes. La Soufrière, beaucoup plus élevée que toutes les autres, exerce sur les nuages et sur les vapeurs humides de l'atmosphère une force attractive beaucoup plus énergique; aussi en est-elle plus souvent couverte et doit conséquemment fournir beaucoup plus d'eau aux réservoirs souterrains; c'est en effet dans son département que les sources sont les plus abondantes, et que naissent les plus fortes rivières.

D'après l'idée que j'ai donnée de l'aspect de la Guadeloupe, on doit facilement comprendre que les rivières ne roulent que sur des plans diversement inclinés. En suivant le cours de l'une d'elles, depuis sa source jusqu'à l'Océan, on la voit tantôt couler lentement sur un sable léger, tantôt pousser ses ondes blanchissantes entre d'énormes fragments de roches. Ici, elle serpente dans une gorge et s'étend de distance en distance en bassins plus ou moins étendus où se jouent mille petits poissons; là, furieuse, elle se précipite à grand bruit du haut d'un rocher ou d'un escarpement et forme une cascade superbe où se peint l'arc-en-ciel.

Ses bords sont plus ou moins escarpés, ou bien ce sont de douces pentes cultivées par la main des hommes, ou bien des pentes très-rapides que la nature a revêtues d'énormes végétaux qui, croisant leurs branches et leurs rameaux, forment, au-dessus de l'onde qui mugit, un voile tout à fait obscur, et font de ce lieu, où nul mortel ne peut pénétrer, un séjour de ténèbres et d'horreur; ou bien encore ce sont d'arides falaises qui s'élèvent verticalement, comme des murs, à des hauteurs extraordinaires.

Quand, pendant quelques jours, il n'a pas plu dans les montagnes, les réservoirs souterrains s'épuisent, les sources ne fournissent plus qu'un très-petit volume d'eau, ou tarissent entièrement. Les torrents deviennent presque secs et n'offrent guère d'eau que dans leurs bassins, et si cet état durait seulement trois mois, il est à présumer que la surface de la Guadeloupe n'offrirait pas une seule goutte d'eau à ses habitants altérés; mais la nature a soin de prévenir ce malheur; il n'est pas de jour, même dans la plus belle saison, que la Soufrière ne soit, par intervalles, plus ou moins chargée de nuages ou de vapeurs qui se résolvent en pluie. Les mousses longues et touffues dont tout son extérieur est tapissé s'imbibent comme des éponges ou de la pluie ou de l'humidité; puis ces eaux coulent par les nombreuses fissures dont la montagne est comme criblée, et vont se réunir dans les cavernes sombres d'où elles sortent enfin pour aller se perdre dans l'immense réservoir commun.

Quand, au contraire, les pluies ont été abondantes et que, pendant plusieurs jours, les montagnes ont été enveloppées de nuages, ce qui arrive très-fréquemment pendant l'hivernage, les torrents grossissent tout à coup d'une manière prodigieuse, se précipitent avec une vitesse incalculable, roulent, en écumant et avec un fracas horrible, des roches d'un volume plus ou moins considérable. On dit alors que les rivières descendent; rien ne peut résister à leur force dévastatrice ; ponts, digues, tout est entraîné ! malheur à qui se trouve sur leurs bords s'il ne fuit promptement ! Emporté par le torrent fougueux, déchiré par les pointes des rochers, il expire sans qu'on ose ou qu'on puisse lui porter secours, et bientôt on voit flotter à la surface de l'Océan son corps ensanglanté ou ses membres épars. Que de victimes de leur fureur ne compte-t-on pas chaque année parmi les négresses blanchisseuses, qui, pour ne rien perdre du linge de leurs maîtres dont elles redoutent les châtiments, s'exposent à mille dangers et trouvent enfin une mort cruelle au sein des eaux courroucées!

Pour que le phénomène de la descente des rivières ait lieu, il n'est pas toujours nécessaire qu'il pleuve plusieurs jours de suite dans les montagnes; souvent une nuit, une matinée, une soirée pluvieuse, quelquefois même une seule averse suffisent pour le produire.

On peut comparer les torrents de la Guadeloupe à ceux des Dofrines, des Payas, des Alpes, des Karpathes, des Pyrénées et de toutes les montagnes enfin dont les cimes sont couvertes de glaces et de neiges éternelles. La fonte des neiges est à ceux-ci ce que les pluies sont à ceux-là. Mais comme la fonte des neiges ne s'opère qu'assez lentement et comme par degrés, peut-être les torrents des régions glacées ne grossissent-ils pas aussi soudainement; peut-être, ayant plus de temps pour se décharger de leurs eaux, n'ont-ils pas tout à fait autant de rapidité; il suffirait, si j'ose ainsi dire, de plonger la main dans ceux de la Guadeloupe pour être irrésistiblement entraîné, et le courant d'air qu'ils déterminent est si fort qu'il parviendrait presque à y pousser le spectateur imprudent qui s'en approcherait de trop près. J'ai vu en Suisse quelques torrents grossir par la fonte des neiges et devenir capables d''emporter tout ce qui pouvait leur faire obstacle; mais ils n'étaient amenés que par degrés à cet état de rapidité et de fureur, tandis qu'à la Guadeloupe, ils grossissent si promptement qu'on n'a que le temps de s'enfuir.

On trouve sur le bord des torrents diverses espèces de mousses et de fougères, des lianes, entre autres la liane Saint-Jean, dont les feuilles sont très-rudes, et dont la fleur bleue a, comme notre immortelle, la propriété de ne se pas faner et de rester constamment la même. On y trouve, entre une foule d'autres grands végétaux, le cacaoyer, le manguier, le goyavier, le bambou, dont on fait un si grand usage, soit pour suspendre des hamacs, soit pour faire des clôtures, des barrières, des conduits pour les eaux ou des gobelets pour boire.

On rencontre dans les rivières, 1° quatre espèces d'écrevisses, le vo:asson, la queue rouge, le mordant sorcier, le cacador ; la première est la plus grosse, la quatrième la plus petite ; les deux premières creusent, dans le tuf ou sous les roches, des trous de trois, quatre et six pieds de profondeur où elles se cachent ; on les pêche à la ligne, à l'épervier ou avec des paniers.

2° Des cérites qu'on trouve également dans les bois ; elles creusent, dans toutes les directions, des trous plus ou moins profonds, selon la résistance que leur oppose le terrain. On en voit qui ont plus de vingt pieds de profondeur ; elles font la guerre aux écrevisses ; on les pêche avec des lignes au bout desquelles est un petit plomb et un appât ; elles le saisissent et le tiennent si fort qu'on les porterait très-loin sans qu'elles lâchassent prise.

3° Le vignot ou biornot d'eau douce, l'escargot, et plusieurs autres espèces de mollusques fluviatiles.

4° Le mulet, poisson rond, blanc, mêlé de bleu, pesant d'une à deux livres ; on le pêche à la ligne.

5° La sarde, poisson rond, aplati sur les côtés, blanchâtre, pesant de huit à dix livres, qu'on pêche à la ligne et au filet.

6° Le donneur, rond, noirâtre, pesant jusqu'à douze livres, qu'on prend à la ligne ou au filet.

7° L'anguille jaune et l'anguille noire, qu'on pêche à la ligne.

8° Le têtard, dont la tête est plus grosse que le reste du corps, et qu'on prend à la ligne; quelquefois il se colle si fortement sur les roches, qu'on est obligé, pour l'avoir, de le détacher avec un couteau.

On compte dans la Guadeloupe au moins cinquante torrents ou rivières; je ne nommerai que les plus considérables.

1° La rivière Noire, qui a sa source entre le morne à Cul et le morne Thibault; sa source est froide. Elle passe entre Fougère et Deux-Rivières, et forme, au pied du morne Petit-Marron, une cascade de vingt à trente pieds de hauteur; elle en forme une autre un peu moins haute, au-dessous du chemin de Fougère; elle passe ensuite près de la sucrerie Peltier, traverse l'habitation des Pères, et prend le nom de rivière des Pères jusqu'à la mer.

2° La ravine Malanga, qui a sa source entre le morne Thibault et le Gros-Morne; elle forme, entre le Petit-Marron et Fougère, une des plus belles cascades de la colonie; sa hauteur est bien de cent cinquante pieds. Cette rivière va mêler ses eaux à celles de la rivière Noire, près le chemin de Fougère; il est encore une ravine qui vient se perdre vis-à-vis le Petit-Marron, dans la rivière Noire, près le chemin de Fougère; cette ravine part d'une fontaine thermale assez considérable, située à l'est du morne à Cul.

3° La rivière du Gallion, qui a sa source au pied de la Soufrière, dans le sud-ouest, passe entre le morne Toussaint et le morne Giromon, entre le morne de la Graine-Verte et le morne Langlé; coule sous le fort Saint-Charles et va se perdre dans l'Océan. A une demi-lieue environ de sa source, cette rivière forme une belle cascade de quarante pieds d'élévation, et, à une lieue peut-être de celle-ci, elle en forme une autre de quinze pieds environ, qui tombe dans un vaste bassin dont on ne voit pas le fond, et qu'on appelle bassin Bleu, de la couleur que semblent réfléchir ses eaux. La source de cette rivière est très-chaude ; la vapeur qui s'en dégage répand une forte odeur d'hydrogène sulfuré ; les roches qui forment ses parois sont couvertes de soufre cristallisé; l'eau même, en sortant de la terre, est chargée de particules de soufre. Cette source est élevée à environ trois mille pieds au-dessus du niveau de la mer.

4° La rivière du Glacis ; sa source est chaude et située au pied du morne Glacis ou Toussaint. A cent pas à peu près de sa source, elle se précipite d'une hauteur qui n'a guère moins de deux cents pieds, et va se mêler au Gallion.

5° La ravine Chaude, dont la source, presque bouillante, se trouve au pied du morne Simon; elle traverse les grands bois, et va se jeter près du morne Josèphe, dans la rivière du Gallion.

6° La rivière du Gommier, qui a sa source près du morne Houël, forme dans son cours plusieurs petites cascades, passe près l'habitation Daim et va se perdre dans le Gallion, non loin de l'habitation Négré.

7° La rivière Grande-Anse. Du flanc du morne

Citerne, tombe en cascades, par deux endroits différents, un volume d'eau considérable qui se répand dans un palétuvier situé au pied de cette montagne; c'est de ce palétuvier que sort cette rivière; elle se dirige entre le morne de la Graine-Verte et le morne Fougas; elle forme dans son cours plusieurs cascades, dont une n'a pas moins de cent pieds de hauteur, passe près de Doley, ensuite sous l'habitation Venture et va se perdre dans l'Océan ; près l'habitation de Doley, et non loin de la rivière Grande-Anse, se trouve un grand bassin où l'on voit sourdre, sur des points différents, des eaux froides et chaudes ; ce bassin forme une petite rivière thermale qui fait marcher le moulin à sucre de Doley et va se perdre dans la rivière Grande-Anse.

8º Il est dans la vallée du Dos-d'Ane deux sources minérales bien célèbres dans le pays ; l'une se trouve sous le pont de Doley, c'est une des plus considérables de la Guadeloupe; on y voit sourdre, comme dans le bassin dont je viens de parler, de l'eau froide et de l'eau chaude; l'autre, dont l'eau est très-chaude, est située presque au haut du morne sur lequel passe le chemin des Trois-Rivières ; elle est couverte d'un toit en paille de canne à sucre, et tout auprès est un ajoupa ; ces deux fontaines sont fort fréquentées, et les eaux de Spa, de Saint-

Amand, de Vichy, de Barége, etc., n'ont pas plus de renommée en France que les eaux de Doley n'en ont à la Guadeloupe.

Les eaux réunies de ces deux fontaines forment la ravine Chaude qui coule autour des dépendances de Doley, et va se mêler à la rivière de la Grande-Anse.

9° Le Petit-Carbey. Cette rivière a trois sources au pied du morne Citerne; les trois petits ruisseaux qui coulent de ces sources se réunissent dans un bassin situé entre la montagne de la Madeleine et le morne Fougas. En sortant de ce bassin, la rivière coule sous terre et reparaît à la côtière de Gaîne où elle forme une cascade; elle traverse ensuite le quartier des Trois-Rivières et va se jeter dans la mer; elle forme une petite cascade et trois jolis bassins près l'habitation de M. de Gondrecourt; là, plus que partout ailleurs, ses bords sont charmants, et c'est encore avec le plus vif plaisir que je me rappelle les moments délicieux que j'y ai passés avec l'estimable famille de M. de Gondrecourt.

Sous l'habitation Duquerry, cette rivière roule dans un canal étroit, creusé dans un bloc de pierre par les eaux elles-mêmes et les fragments de roches qu'elles entraînent parfois, et retombe dans un bassin profond. Ce lieu s'appelle la Coulisse; on s'y amuse singulièrement; comme ce canal est incliné, on s'assied à son extrémité supérieure et on se trouve emporté rapidement par l'eau jusque dans le bassin. Quand des dames veulent se donner ce plaisir, des hommes restent dans le bassin pour les recevoir, car, ne sachant ordinairement pas nager, elles pourraient se blesser ou même se noyer.

10° La rivière Bananier. Sa source, située au pied du morne Ségur, est froide et contient un volume d'eau assez considérable. A deux cents pas à peu près de sa source, cette rivière forme, entre la montagne de la Madeleine et le morne Ségur, un étang très-vaste, que l'on nomme, si je ne me trompe, l'étang Bon-Dieu; de cet étang, elle passe sous un petit morne, et, après avoir traversé le quartier des Trois-Rivières, elle va se jeter dans la mer. L'étang Zombi se décharge d'une partie de ses eaux dans cette rivière au moyen d'un ravin qui les fait communiquer. Tous les lieux voisins de la source de cette rivière appartenaient à un M. de Ségur, qui a employé, dit-on, d'énormes sommes pour faire concourir à leur embellissement l'art et la nature; il avait fait faire sur l'étang Bon-Dieu des îles flottentes qu'on y voit encore et qui servent de retraite aux canards sauvages et aux poules d'eau qui abondent dans cet étang. Je n'ai point été visiter ces lieux, qui sont maintenant presque abandonnés, mais, d'après ce qu'on m'en a dit, du temps de M. de Ségur, ils étaient charmants quoique toujours un peu sauvages.

11° Le Grand-Carbey. Cette rivière a sa source au nord-est de la Soufrière, au pied du morne Mitan. A une lieue environ de sa source, elle forme, au-dessus de la Cabes-Terre, une superbe cascade qui a bien cent cinquante pieds de hauteur, traverse le quartier de la Cabes-Terre et va se perdre dans l'Océan.

Il est une fontaine thermale qui, comme celles dont j'ai parlé, ne donne pas naissance à un torrent, parce qu'elle n'est pas située convenablement pour cela, mais qui, peut-être plus que les autres, mérite d'être citée; c'est la fontaine de Bouillante; elle est située sous le vent, c'est-à-dire à l'ouest de l'île, sur le rivage; l'eau en est bouillante; les nègres du voisinage y font cuire des œufs, de la morue, des bananes, de la viande, etc.; c'est la température de cette fontaine qui a fait donner au quartier le nom de Bouillante. Près de celle-ci, et dans la mer même, sont d'autres fontaines dont on voit bouillonner les eaux au travers celles de l'Océan, et dont la température doit-être aussi fort élevée, puisque l'eau de la mer est chaude jusqu'à une assez grande distance.

Partie de rivière.

J'avais été invité à une de ces parties par une dame de ma connaissance. Je devais me rendre le jour indiqué, à six heures du matin, chez elle. Ce jour arrive, je vais au rendez-vous, et, n'aimant pas à me faire attendre, j'y suis un quart d'heure plus tôt. Le temps était superbe; la dame faisait sa toilette; j'entrai dans le salon; les autres convives arrivèrent successivement; c'étaient des habitants, des personnes de la ville, des officiers du régiment. La maîtresse de la maison paraît enfin, elle va donner ses ordres aux domestiques; on prend le café noir, puis on part. C'était à la rivière des Pères, à trois quarts de lieue de la ville que la partie devait avoir lieu; nous tournons nos pas de ce côté; on folâtre sur le chemin; enfin, on arrive à l'embouchure de la rivière; bientôt après, viennent en foule les domestiques portant sur leur tête de nombreuses provisions; ils les déposent à l'ombre d'une touffe de petits arbustes, font avec quelques pierres une sorte de foyer, vont ramasser du bois sec, allument du feu. Pendant ce temps, on se promène gravement ou l'on joue sur le rivage; un nègre vient en hâte annoncer que le déjeuner est prêt; on court vers la rivière; je m'étais imaginé qu'on mangeait sur le sable ou sur le gazon, mais je m'étais trompé : le déjeuner était dressé sur une grosse roche, précisément au milieu de l'eau, et c'était là qu'il fallait l'aller prendre. Toutes ces dames étaient déjà assises autour de cette table offerte par la nature, et des esclaves, placés derrière elles, tenaient des parasols tendus sur leurs têtes, que j'étais encore sur le bord, incertain de ce que je devais faire; cependant, pour ne point paraître ridicule, je me déterminai à entrer dans l'eau comme tout le monde et à m'approcher de la table. On commence à déjeuner; quelques-uns de ces messieurs restent debout et servent galamment les dames; je pris le parti de faire comme eux, pensant que c'était bien assez pour moi d'être mouillé jusqu'aux genoux, et, sans négliger de faire honneur au déjeuner, j'ose me flatter que je ne fus pas le moins officieux. Il y avait sur la roche tout ce qui peut composer un bon repas : morue, bœuf salé, jambon, dinde rôtie, pâtisserie, fromage de Gruyère, etc., de bon vin et du rhum.

Ce banquet nautique achevé après une durée d'une heure, on sort de l'eau, on va se promener un instant sur le rivage, puis on retourne dans le lit de la rivière ; on saute de roche en roche, on court de bassin en bassin, on se pousse, on s'arrose, on se fait mille malices ; s'il arrive qu'en sautant ou en courant, quelqu'un se laisse tomber, les ris éclatent sur toute la ligne. Pour diversifier les plaisirs, on va parfois sur le bord de la mer affronter les flots, puis, par intervalles, on vient sur le sable se réchauffer aux rayons du soleil. A quatre heures du soir, on sert le dîner sur la même roche et on va l'entourer comme on avait fait le matin. Avec beaucoup de viandes, on servit plusieurs espèces de poissons que les nègres avaient été pêcher dans la matinée. Au milieu était un copieux calalou ; ce mets, si délicieux pour les créoles et qu'aucun étranger ne saurait goûter, est composé de plusieurs espèces d'herbes et de gombos qu'on fait ordinairement bouillir avec un morceau de petit salé ; on mêle ce calalou avec de la farine de manioc, et ce mélange tient lieu de pain. Après le dîner, qui fut long et joyeux, ces dames et ces messieurs allèrent dans différents lieux changer de vêtements ; quant à moi, qui n'avais fait de folie que le moins qu'il m'avait été possible, qui n'avais guère que le bas de mon pantalon de mouillé et qui, d'ailleurs, n'avais pas pris la précaution de faire apporter de rechange, je fus obligé de revenir en cet état, ce qui me fut à peu près indifférent, parce que le soleil était déjà couché quand nous quittâmes les bords de la rivière, et qu'il faisait nuit quand nous arrivâmes à la ville.

Animaux de la Guadeloupe.

Quoique je n'aie pas la prétention de faire ici l'énumération de tous les êtres organisés indigènes à la Guadeloupe, encore moins d'en écrire l'histoire naturelle, il n'est cependant pas tout à fait étranger à ces notes d'en signaler quelques espèces.

En parlant des grands bois, j'ai indiqué les oiseaux les plus remarquables qu'on y rencontre; les autres espèces qui peuvent se trouver dans toute l'île, ne sont qu'en très-petit nombre; le colibri, le sucrier, le mangeur d'herbe, le gros-bec se trouvent également sur tous les points de la colonie.

Les animaux les plus communs sont donc: le rat et la souris, parmi les rongeurs. Le rat se trouve partout, et fait de très-grands ravages dans les plantations de canne à sucre et de cafier; ils sont surtout friands de la pulpe qui revêt la graine de ce dernier; pour se la procurer, ils coupent les bouquets de cerise, et les graines sont pour la plupart perdues pour l'habitant, parce qu'il est bien difficile de les retirer du milieu des herbes. J'ai ouï dire à des planteurs dont les habitations avoisinent les grands bois, que les rats leur faisaient perdre quelquefois le sixième de leur récolte, ce qui m'a toujours semblé un peu exagéré.

La couleuvre. On la trouve partout, mais principalement dans les bois et dans le voisinage des rivières ; on en voit de diverses espèces.

On n'y trouve point de serpents ; on dit que des gens malintentionnés ont tenté d'y en introduire, et que, dans plusieurs lieux, on en a trouvé de morts ayant auprès d'eux divers aliments qui leur sont propres. Quoique ce fait m'ait été cité comme certain, je n'oserais le donner comme tel, il décèlerait dans ses auteurs une atrocité dont on ne doit supposer l'homme capable que sur des preuves éminemment convaincantes ; toujours est-il qu'il n'y en a point et qu'on n'y en a jamais vu de vivants.

L'anolis. Cet animal se trouve partout, et en grand nombre ; il se tient, pendant le jour, sur le toit des maisons, sur les décombres, sur les murailles, sur les arbres ; il est très-vif dans ses mouvements, saute légèrement de branche en branche comme un oiseau ; il se nourrit d'insectes ; il pond six ou huit petits œufs ronds d'un blanc sale, et les dépose dans des trous ou sur la terre ; il ne couve point; ses œufs éclosent à la température de l'atmosphère, et il est très-difficile de les en empêcher. Pour en conserver, j'en mettais dans une fiole que je remplissais d'un sable ferrugineux très-fin, que l'on trouve sur quelques endroits du rivage, afin qu'ils ne se cassassent point, et j'enfouissais la fiole dans le terreau d'une cave aussi fraîche qu'on puisse le désirer pour ce pays.

Le mabouïa diffère de l'anolis par sa forme moins élégante et la plus grande diversité de ses couleurs; il est aussi plus gros; il a la singulière propriété, dit-on, de s'appliquer si parfaitement sur certains objets, qu'il y reste comme collé, et que ce n'est qu'à grand'peine qu'on l'en peut détacher; la manière la plus prompte de l'en déloger, c'est de lui présenter un miroir, sur lequel il saute aussitôt. Je n'ai pas eu occasion de remarquer ces faits; du reste, il a à peu près les mêmes mœurs que l'anolis.

Le ravet. Il est généralement répandu dans tous les lieux habités; il fuit la lumière; il se retire dans des trous, derrière les meubles, dans les endroits humides; il se nourrit de tout, de pain, de viande, de fromage, de racines ; il semble être friand de sucre ; il pond des œufs de couleur marron ; ils sont aplatis et ont la forme d'un carré long dont un des grands côtés est garni de dentelures. Ces insectes subissent des métamorphoses ; quand le temps est pluvieux ou qu'il tend à le devenir, ils sortent de leurs demeures, courent, voltigent, et semblent se réjouir.

Le kakerlaque. Il diffère du ravet par sa forme et sa couleur; il est gris, plus gros, moins élevé sur ses pattes ; il répand au loin une odeur puante et tout à fait repoussante, qui se conserve longtemps dans les lieux qu'il a habités. L'assiduité avec laquelle il va visiter ses œufs, ferait croire en quelque sorte qu'il les couve.

Bête à mille pattes. Elle est commune principalement dans les vieilles maisons ; elle est grisâtre ; sa longueur varie de deux à quatre pouces ou même plus ; sa piqûre, quand elle est pleine surtout, occasionne une vive douleur ; souvent elle détermine l'inflammation et le gonflement de la partie piquée, une fièvre assez intense, quelquefois même une sorte d'engourdissement dans les membres. Elle fait la guerre au ravet et au kakerlaque qu'elle met en pièces ; comme l'abeille, elle charge ses pattes du butin qu'elle a fait pour le porter dans ses magasins;

elle est vivipare, très-féconde; les petits, en naissant, sont verts.

Le scorpion. C'est encore dans les vieilles maisons qu'on le trouve principalement ; sa piqûre occasionne une douleur cuisante et quelquefois un accès de fièvre.

Fourmis. Il y en a de cinq espèces :

1° La fourmi noire à longues pattes, allant très-vite, en zigzag, affectionnant les corps sucrés ; c'est l'espèce qui semble être la moins nombreuse.

2° La fourmi ailée. C'est la plus grosse espèce ; ses ailes sont irisées ; on en voit beaucoup pendant l'hivernage. Les anolis en sont friands. Quand elle perd ses ailes, elle devient un petit ver blanc et s'enveloppe d'un léger coton. Je serais tenté de croire que les vers qui dévorent si promptement les livres qu'on n'a pas soin de secouer de temps en temps, ne sont autres que ceux dont les fourmis volantes prennent la forme ; car, sur l'espèce de coque dans laquelle ils s'enferment, j'ai souvent trouvé de ces ailes irisées.

3° La fourmi blonde, très-petite, allant vite et çà et là ; fort commune.

4° La grosse fourmi roussâtre.

5° La petite fourmi rouge. Ces deux dernières espèces sont très-voraces ; elles se repaissent avec délices de toutes sortes de cadavres ; elles attaquent en outre tout ce que l'homme peut manger, pain, viande, poisson, fromage, huile, beurre ; il y a des maisons où elles sont en si grande quantité qu'on est obligé de prendre les plus minutieuses précautions pour isoler les provisions de manière à ce qu'elles ne puissent les atteindre.

Quand j'arrivai à la Basse-Terre, je louai une chambre garnie au bas du Cours, précisément en face la salle de spectacle ; à peine fus-je couché que je me sentis piqué d'une manière insupportable sur toutes les parties du corps ; n'y pouvant plus tenir, je me levai pour voir ce que ce pouvait être ; mon lit était tout rempli de fourmis rouges, et j'étais couvert de petites taches rouges, effet de leurs piqûres. J'imaginai, pour les écarter, après avoir bien secoué les draps, d'arroser mon lit de fort vinaigre; ce moyen me réussit, et je me recouchai ; mais dès que mes draps furent secs, mon tourment recommença, et, trois fois pendant la nuit, je fus obligé de répéter cette cérémonie. Les jours suivants, j'isolai mon lit en entourant ses pieds de tabac en poudre, que j'avais soin de renouveler souvent, car je remarquai que, quand il était sec, son action était impuissante pour écarter ces terribles insectes. Je n'étais pas à l'abri de leurs atteintes pendant le jour ; à peine quittais-je mon habit, qu'aussitôt il se trouvait tout rouge de fourmis, en sorte que, quand je le voulais reprendre, j'étais obligé d'en retourner les manches et de le brosser pour les abattre. On me disait qu'elles ne me faisaient une guerre si opiniâtre que parce que j'avais le sang trop riche; que quand l'influence du climat l'aurait appauvri, elles me laisseraient tranquille ; que tous les Européens se trouvaient dans le même cas ; en effet, quelque temps après, je n'eus plus à m'en plaindre sous ce rapport.

Guêpe végétale, végétante. Quand elle se sent près de mourir, elle va, dit-on, s'enterrer sous quelque petite pierre, et là elle expire. De son estomac, s'élève une petite tige au bout de laquelle s'épanouit une fleur jaune, c'est probablement un champignon que fait naître la fermentation putride. J'avais ramassé quelques-uns de ces insectes, je n'ai pu les conserver.

Bêtes à queue longue. Elle sont couvertes d'une poussière argentée qui s'attache aux doigts quand on les touche ; elles sont très-communes dans les lieux habités et font dans le linge des ravages incroyables.

Poux de bois. Ce sont des espèces de petits vers blancs qui rongent le bois; ils font en peu de temps un tort considérable aux bâtiments; ils pratiquent, avec leurs excréments, des galeries où ils se tiennent. Ces galeries font mille détours sur les murailles, sur les charpentes, et communiquent toutes entre elles. On en voit dans les champs sur certains arbres; ces galeries vont d'un arbre à l'autre en franchissant quelquefois de grandes distances et posent alors sur le sol. Ce qui fait croire que ces vers les façonnent avec leurs excréments, c'est que la matière qui les compose est granulée, et que les plus fortes et les plus longues pluies n'ont aucune action sur elle. Ces animaux fuient la lumière, on ne les trouve que dans leurs galeries, et ils y sont en très-grand nombre; ils réparent avec une promptitude extrême les brèches qu'on y fait; le moyen qu'on emploie avec le plus de succès pour les détruire, c'est le poison; on rompt les galeries dans plusieurs endroits, on y écrase plus ou moins de ces vers qui accourent probablement pour les réparer, on les saupoudre d'arsenic, les autres vers qui viennent les manger s'empoisonnent, et vont porter la mort dans la république.

Bêtes rouges. Ces insectes sont presque imperceptibles à l'œil ; on les trouve plus communément dans les halliers, sur le bord des rivières ; ils sont rouges, ils s'introduisent dans les pores de la peau et occasionnent une démangeaison très-cuisante.

Chique. La chique est un insecte beaucoup plus petit que la puce, sautant comme elle, ayant à peu près la même couleur; elle se trouve principalement dans le voisinage des habitations et est beaucoup plus commune dans les temps secs; elle s'introduit sous l'épiderme, pénètre jusque dans la chair, y forme un petit sac membraneux dans lequel elle s'enferme, grossit et pond une grande quantité de petits œufs lenticulaires et gélatineux; elle cause une très-vive démangeaison qui approche de la douleur. Quand la chique a mis bas ses œufs, elle meurt dans le sac même; on enlève le sac tout entier en le dégageant avec une épingle, quand les œufs ne sont point encore éclos. L'endroit où la chique s'est logée ne se fait remarquer à l'extérieur que par une légère rougeur circulaire au centre de laquelle est un petit point noir. Les nègres malpropres qui négligent de les ôter, en ont quelquefois une si grande quantité qu'ils ont les jambes et les pieds remplis de plaies, enflés et pleins de gerçures ; on voit des enfants noirs qui, par suite de ces plaies, ont les jambes et les pieds tout contrefaits.

La mouche éléphant. Elle est assez rare, elle ne se trouve que dans les bois et sur les hauteurs; elle se nourrit de jeunes tiges d'arbres, de feuilles, de bananes, d'insectes; elle coupe promptement un assez gros rameau, et, pour cela, elle s'y attache et tourne circulairement en volant.

Mouche à feu. Elle est phosphorescente sous le ventre et par un point situé de chaque côté de la tête; la lumière qu'elle répand est si vive qu'on l'aperçoit en plein jour; elle l'éteint à volonté; cette lumière bleuâtre prend une grande intensité quand on agite l'animal; j'en avais toujours un certain nombre dans un flacon de verre, que je nourrissais avec diverses substances; ces insectes m'éclairaient pendant la nuit, et bien souvent j'ai lu et écrit à leur lumière. On trouve cette mouche presque partout, mais principalement dans les bois et dans les halliers; quand on la pose sur le dos, elle saute haut et avec vivacité pour se remettre sur ses pattes.

Mouche à cornes, à raie jaune. Elle ne se trouve guère que dans les endroits cultivés; elle se nourrit de fruits, principalement d'acajou.

Mouche à cornes, grise. Elle est rare; on la trouve dans les bois.

Abeilles. On en trouve dans les bois, sur le bord des rivières; elles sont sauvages, on ne les cultive point; le père Benoist, trapiste et curé des Trois-Rivières, est, je crois, le seul qui jusque-là en ait ramassé; il les cultive dans des ruches de bois; il en vend le miel et en distribue l'argent aux indigents de la paroisse; il y a une espèce d'abeille à Marie-Galante dont la cire est noire; cette espèce ne se trouve point à la Guadeloupe.

On trouve encore à la Guadeloupe la sauterelle, le petit hanneton jaune, la demoiselle, le maringouin, des araignées argentées et dorées, des araignées phosphorescentes, de très-belles chenilles, des papillons magnifiques, et une foule d'insectes microscopiques.

Le cheval, le bœuf, le mulet, sont apportés des Etats-Unis, de Porto-Rico, ou du continent espagnol.

Productions marines.

Parmi les immenses richesses que le rivage de la Guadeloupe étale avec pompe aux regards du naturaliste, les mollusques tiennent, sans doute, le premier rang, sans parler d'une foule d'autres, peu ou point connus. La néréide, la plume de mer, la thélymitre, l'anémone de mer, la renoncule, les polypes verts, se font remarquer presque partout sur les roches contre lesquelles viennent expirer la fureur des flots.

Partout aussi on y trouve de beaux madrépores entiers, dont la forme et le volume varient à l'infini; des coquilles de toute espèce qui, par leur poli et leurs couleurs vives et merveilleusement combinées, peuvent rivaliser d'éclat et de beauté avec celles de la mer Rouge, de Madagascar, du golfe Persique, du Bengale, des îles de la Sonde, de la Chine, du Japon et du golfe de Panama. Porcelaines, rouleaux, olives, pourpres, lambis, casques, musèques, buccins, volutes, tonnes, vis, araignées, nérites, tellines, cœurs, moules, tous ces genres s'y voient et offrent de nombreuses variétés ; c'est principalement à Deshaies, à la Pointe-Noire, à la Cabes-Terre, qu'on les trouve dans leur plus grande beauté, parce qu'elles sont déposées là sur un sable fin, noir, brillant et ferrugineux, tandis que, sur les autres points du rivage, elles sont souvent endommagées ou brisées contre les parois de roches volcaniques.

Le flux et le reflux de la mer ne sont pas sensibles sur le rivage des Antilles ; mais quelquefois l'Océan entre soudainement en fureur et passe de beaucoup ses limites ordinaires ; c'est alors qu'il dépose sur ces bords les richesses de ses abîmes, et c'est après ces sortes de convulsions que le curieux amant de la nature doit aller, le panier à la main, promener sur la plage humide ses pas solitaires.

Ces agitations, si funestes pour les vaisseaux qui se trouvent trop près des côtes, ou qui ont jeté l'ancre dans certaines rades, se nomment ras de marée ; ils sont produits par les gros vents et les ouragans qui ne désolent que trop souvent le vaste empire des tropiques ; c'est ordinairement pendant l'hivernage qu'ils sont le plus fréquents.

Ce rivage heureux n'offre pas seulement des objets de pure curiosité ; le bougot, la palourde, le vignot, l'huître, le lambis, le homard, le chardon, l'agaïa, sont, pour les tables créoles, des mets exquis.

Le vignot se prend sur les rochers, la palourde dans les marécages, l'agaïa sur le sable ; on plonge le bougot, le homard, le lambis, le chardon; l'huître se détache du pied des arbres, principalement des mangles qui croissent sur le bord de la mer, on ne la trouve guère qu'à la baie Mahaud, au Petit-Bourg et dans les lieux voisins; elle est d'un très-bon goût; elle n'est point, à beaucoup près, aussi grosse que celle de Cancale, et sa forme est plus allongée; il n'est pas rare de trouver des masses formées de vingt, trente huîtres qui se tiennent toutes.

Non loin du rivage, on pêche dans l'Océan d'excellents et de très-beaux poissons dont on fait une grande consommation dans la colonie. Le caïen, la carangue, le balaou, la pisquette ou titiri, le vivano, la grande gueule, la maman balaou, la bécune, l'œil de bœuf, le capitaine, la bointe, le thon, le tasard, le couliou, le kiakia, l'oreille noire, le cardinal, la bourse, l'arêcheu, la demoiselle, le goret, le barbatio ou bambatio, la tortue, le rouget, la vieille, la barbiane, la pargue, le brochet, l'orphie, la menille, sont les espèces les plus communes et les plus recherchées; le balaou est, au sens de tous les étrangers, le plus léger et le plus délicat; la plupart des créoles n'en veulent point convenir, et pourquoi? parce que c'est, de toutes les espèces, celle la plus nombreuse. Il en est à la Guadeloupe du balaou comme des moules sur les côtes de la Normandie: parce qu'elles y sont à vil prix, certaines gens s'imaginent qu'elles ne doivent rien valoir ; préjugé qui naît bien d'un sot orgueil.

Parmi ces diverses espèces, il y en a qui, quelquefois, acquièrent, dit-on, en séjournant sur des fonds cuivreux, la funeste propriété d'empoisonner ceux qui en mangent ; il est bon de les faire connaître ici : ce sont la carangue, l'oreille noire, la vive, la grande gueule, la vieille, le tasard grand fond, le vivano gris, la bécune, la bourse, la pargue à dents de chien.

Les tristes exemples de familles entières victimes de leur imprudence, n'effraient pas les colons ; ils n'empoisonnent pas toujours, dit-on; beau langage; mais, dès qu'ils peuvent empoisonner, n'y a-t-il pas de la témérité, ou plutôt de la folie, à vouloir courir cette chance?

Sous le gouvernement des Anglais, les pêcheurs étaient responsables, en quelque sorte, des accidents causés par ce poisson, parce qu'on supposait qu'ils devaient savoir où posaient ces fonds dangereux ; rien n'était plus sage, et rien alors de plus rare que ces empoisonnements. Sous le gouvernement des Français, on ne s'en occupe pas : un nègre pêcheur peut vendre impunément toute espèce de poisson ; en sorte qu'un étranger peut s'empoisonner sous les bons auspices de la police!

Il est dans le quartier du Vieux-Fort, comme aux Saintes, une foule de blancs peu fortunés, et que, par mépris, les riches et voluptueux créoles appellent petits blancs, épithète doublement injurieuse. Tous, ou presque tous, voient croître sous un humble toit une famille nombreuse; les matadors s'en étonnent et attribuent leur fécondité à la grande quantité de poisson qu'ils mangent, car, comme ils vont eux-mêmes le pêcher, il ne leur coûte rien, et ils en font à peu près le fond de leur nourriture; bien singulière idée qui ne peut guère se loger que dans le cerveau d'un créole; je ne suis pas assez initié dans les mystères de la nature pour me permettre aucune réflexion sur la cause physique de cette classe de phénomènes, mais je trouve une raison morale qui me semble suffisante pour détruire une partie du merveilleux: c'est que ces petits blancs sont fidèles à la foi conjugale; c'est que, n'ayant point de grandes propriétés à cultiver, ils ne prennent point à tâche d'augmenter, par un libertinage effréné, le nombre de leurs esclaves; c'est qu'ils savent régler leurs passions; les grands blancs ignoreraient-ils que la vertu est ordinairement compagne de la médiocrité?

Jardins, arbres et arbustes fruitiers, légumes.

On s'imaginerait que sur un sol si fécond et sous un climat si favorable à la végétation, les jardins dussent être et plus riches et mieux soignés, pour ainsi dire, qu'en Europe; il semblerait que le créole, à qui un soleil trop ardent interdit de longues promenades, dût fixer auprès de lui les agréments de la belle nature, l'ombre, les ruisseaux et les fleurs? eh bien! rien de plus rare dans la colonie qu'un jardin; excepté celui du Gouvernement, je n'en ai vu qu'un, situé près de la Basse-Terre, qui pût mériter ce nom; encore était-il loin d'égaler les nôtres. Il avait été formé par M. Bellosse, médecin français fixé dans cette colonie. Rien cependant ne manquerait à l'habitant de la Guadeloupe pour rivaliser avec les Anglais mêmes sous ce rapport; la situation toujours pittoresque de sa demeure, prêterait singulièrement à la beauté des jardins, des plantes de toute espèce qui se font admirer ou par l'élégance de leur forme ou par l'épaisseur et l'éclat de leur feuillage, tels le cocotier, le dattier, le palmier, le tamarin, le manguier, le raisin d'Otaïti ou grappe de Cythère, la baraguette et une foule d'autres. Les fleurs européennes qui croissent avec tant de succès sous ce ciel propice, le rosier, l'œillet, l'héliotrope, la renoncule, le jasmin, le lilas, la violette, etc, etc; la facilité de dériver des ruisseaux et de former des cascades et des bassins, tout concourrait admirablement à produire des chefs-d'œuvre dans ce genre. Mais le créole néglige ce précieux avantage; il aime mieux endormir sa molle oisiveté sur un canapé pendant la vive chaleur du jour, que d'aller rêver à l'ombre des arbres, sur les rives fleuries d'un ruisseau qui susurre. Il n'y a près des habitations que de petits potagers ouverts de toutes parts, moins bien soignés que ceux de nos paysans, et où l'on ne trouve que quelques légumes et toujours du piment. Au Matouba, quartier situé dans les hauteurs, au pied de hautes montagnes, on voit pourtant quelques potagers moins négligés, mieux fournis, où l'on cultive même quelques légumes recherchés, tels que l'artichaut, l'asperge, le salsifis, d'où sortent même, quoiqu'en très-petite quantité, quelques fruits européens, des fraises, des cassis, des framboises, des pommes.

On ne cultive pas les arbres fruitiers, on n'a même pas toujours soin d'en faire planter dans le voisinage de son habitation. Si l'on en excepte le cocotier, le dattier, le palmier, l'oranger, on les laisse croître là où le hasard les a semés, et c'est souvent fort loin qu'il faut les aller chercher, dans les champs, dans les halliers et sur le bord des rivières

Les espèces que j'ai remarquées, et qui sont à peu près les seules, sont les suivantes :

L'acajou. J'ai déjà fait remarquer qu'il est différent de l'acajou à meuble ; il est moins gros, moins bien conformé; son fruit, de la grosseur d'une poire de Colmar, porte sa graine à l'extérieur de l'une de ses extrémités ; il est très-coriace ; on ne fait que le sucer, et le suc qu'on en exprime est âcre et très-astringent ; mêlé avec égale quantité de rhum, il forme une liqueur qu'on donne avec le plus grand succès dans le ténosme et la dyssenterie. La coque de sa graine, qu'on appelle noix, contient un suc épais, extrêmement corrosif, qui brûle et désorganise la peau. L'intérieur se mange avec plaisir, ou cru ou rôti. On en fait des bonbons en les faisant bouillir dans du sirop.

Le grenadier, l'oranger, le citronnier, la bergamote, le cerisier commun, le cerisier musqué ; le fruit de ce dernier développe sur le palais un goût de musc très-prononcé. Le pommier malacca, le pommier cannelle ; son fruit est sucré, fondant, délicieux, ce n'est pas le cinnamome. L'icaque, la graine que son fruit renferme est très-grosse, et la pulpe qui le revêt est très-peu abondante et n'a aucun goût prononcé. L'ananas, le dattier, le pommier de Cythère, le papayer, la raquette des bois; son fruit, bien supérieur à celui de la raquette commune, est d'un beau rouge cramoisi à l'extérieur, grisâtre à l'intérieur et rempli de petits grains noirs luisants ; il est d'un goût légèrement acidule et approchant de la fraise des bois. Le limon, le chadeck, la barbadine, le pommier rose ; en mangeant son fruit, on croirait manger des pétales de roses de Hollande. Le caïmitier, le cachiman, le châtaignier de Malabar, le pekoly-nax, rare, la noix en est excellente. Le corossol, le fruit en est très-gros, il contient beaucoup de graines brunes, aplaties et de forme ovale ; la chair en est très-blanche, coriace, contient un suc délicieux et très-rafraîchissant ; il serait même dangereux, dit-on, d'en manger quand on a chaud ; les feuilles de cet arbre, qui n'est pas fort haut, se prennent en infusion théiforme dans certaines affections nerveuses ; avec l'écorce des jeunes branches, on fait d'assez bonnes cordes. La pomme de liane est, comme la barbadine, une liane qui produit un fruit exquis ; ce fruit est rempli d'une pulpe molle et comme visqueuse qui est autant appréciée de l'étranger que du créole ; on se sert de ses feuilles en infusion comme vermifuges. Le raisin court, cet arbrisseau croît sur le bord des ravines, il produit de petites fleurs disposées en grappes; ces fleurs ont trois pétales blancs qui s'épaississent, se remplissent d'un suc légèrement acide, d'un goût semblable à celui du raisin; au milieu de ces trois pétales est une jolie petite graine d'un brun très-foncé, d'un beau poli, présentant trois angles, et d'une forme assez semblable à celle du sarrasin; on en fait des colliers.

L'abricotier. Cet arbre est très-commun sur les habitations; son fruit est recouvert d'une peau très-épaisse, ligneuse, et qui acquiert, en se desséchant, la dureté du bois; l'intérieur est jaune, sec, d'un goût passablement bon; c'est surtout en confiture qu'on le mange plus volontiers ; les graines varient dans leur nombre, leur forme et leur grosseur ; leur forme est très-irrégulière et difficile à décrire; leur nombre est de trois, de quatre ou de cinq dans le même fruit; leur volume moyen peut égaler celui d'un œuf de poule ; les feuilles de cet arbre sont grandes, d'un beau vert jaunâtre, luisantes, remplies de glandes transparentes, ayant très-peu d'humidité ; leurs nervures sont très-prononcées. Il n'est peut-être pas de végétaux dont les feuilles, examinées en détail, soient plus belles.

L'avocatier. Son fruit, doux et fondant, est excellent, mais, pris en grande quantité, il donne, dit-on, le ténesme. On prend efficacement une infusion de ses feuilles dans le cas d'une indigestion.

Le manguier. C'est un des plus beaux arbres fruitiers des Antilles ; ses feuilles, très-allongées, d'un beau vert luisant, extrêmement multipliées, forment un ombrage délicieux ; j'ai vu des feuilles de manguier qui avaient au moins vingt pouces de longueur sur trois de largeur ; son fruit, qu'on appelle mangot, est un des meilleurs qu'on puisse manger sous ce ciel brûlant ; il y en a plusieurs espèces, la plus estimée, et en effet la plus délicate, est la mangotine.

Le goyavier. Rien de plus commun, on le trouve partout; son fruit, plein de petites graines blanches très-dures, est acide et d'un goût agréable. On en fait une gelée ferme et bien supérieure, à mon sens, à notre gelée de groseilles, surtout quand on en mêle le jus à celui de la barbadine ou du corossol ; on les mange aussi confites dans du sirop. La goyave de Cayenne est bien plus délicate, plus douce et plus estimée conséquemment que celle du pays ; elle est presque aussi commune ; on les distingue facilement, en ce que la goyave de Cayenne est plus grosse et d'un rose beaucoup plus foncé à l'intérieur que celle de la Guadeloupe.

Le raisin de bord de mer. Le fruit est agréable au goût, les feuilles sont très-grandes.

Le tamarinier. Bel arbre dont le feuillage épais donne beaucoup d'ombre et dont le fruit, très-acide, s'emploie avec succès dans le ténesme ; on en fait une limonade très-rafraîchissante.

La grappe de Cythère ou raisin d'Otaïti. Son fruit est en grappe ; il est on ne peut plus acide ; on en fait d'excellentes confitures.

Le sapotiller. Ce bel arbre porte un des meilleurs fruits des Antilles, mais le sol semble influer sur la qualité de ce fruit ; dans certains terrains, il est plus petit, moins sucré que dans d'autres ; Marie-Galante passe pour produire les plus belles et les meilleures sapotilles des Antilles, comme Antigues à la réputation de fournir les meilleures oranges.

Le cocotier. Cet arbre si justement vanté n'offre

qu'un tronc sans rameaux, très-haut, très-droit, et si uni, que pour pouvoir monter à son sommet, on est obligé d'y enfoncer des clous de distance en distance; du haut de cette tige unique s'élèvent et retombent en superbes panaches, de belles feuilles composées dont la longueur varie de dix à quinze pieds et dont l'admirable poli réfléchit en cent façons les rayons du soleil ; le nombre de ces feuilles n'est pas fixe, mais il est toujours entre trente et quarante ; c'est aussi au sommet de cette tige et à la base des feuilles que se développe le fruit ; la fleur est enfermée dans une enveloppe ligneuse de deux à trois pieds de longueur. Quand le vœu de la nature est satisfait, quand les petits cocos sont formés, cette enveloppe se fend, s'ouvre et finit par tomber quand elle n'est plus nécessaire. Chaque coco tient à l'arbre par un ligament très-fort ; le même pied peut produire de cent à cent cinquante cocos dans l'année et offre en même temps des fleurs naissantes, des fleurs épanouies, des fruits enfin de diverses grosseurs et à différents états de maturité. Quand le coco est mur, il se détache du ligament qui le suspend et tombe à terre.

Ce fruit est revêtu d'une enveloppe filamenteuse, très-solide et très-épaisse, dont on se sort pour nettoyer, en frottant, avec du sable et de l'eau, le plancher des appartements, les tables de cuisine, etc.

Dépouillé de cette enveloppe, le coco, comme tout le monde le sait, est susceptible du plus beau poli, mais tout le monde ne sait pas comment on lui fait contracter la couleur noire qu'il a ordinairement quand il est travaillé (car sa couleur naturelle est brunâtre) : c'est en le laissant séjourner pendant quinze ou vingt jours dans une sorte de vase telle que serait celle d'un marécage, et en les frottant d'huile d'olive ou de ricin. Le coco renferme une noix dont l'intérieur est rempli d'un liquide excellent, très-rafraîchissant, qu'on appelle lait. On remarque sur l'extrémité arrondie du coco, trois petits trous circulaires, bouchés par une pellicule assez mince ; c'est par ces trous qu'on fait sortir le lait, et chaque coco en donne ordinairement deux verres. Pour en avoir la noix, on brise ou on scie le coco et on la détache de ses parois. En se desséchant, la noix se détache d'elle-même, et on l'entend rouler en agitant le coco. En sciant celui-ci par le milieu et avec précaution, on a la noix tout entière. Quand le coco n'a encore atteint qu'une moyenne maturité, la noix n'a guère que la consistance d'une crème épaisse, et c'est alors qu'elle est à son maximum de bonté, c'est ce qu'on appelle coco à la cuillère, parce que ordinairement une cuillère suffit pour la détacher.

Avec la noix portée à son maximum de maturité, on fait des pâtés délicieux, et pour cela, on la râpe, on la mêle avec du sirop, on l'enveloppe de pâte et on fait cuire ce gâteau; on en fait encore des confitures en la râpant et la faisant cuire avec de la cannelle en poudre dans du sirop; on en fait enfin une espèce de farine, et voici comment: on la râpe de même, on la mêle avec du sucre blanc pulvérisé, on met ce mélange sur le feu, dans un vase quelconque, on remue continuellement avec une spatule jusqu'à ce qu'il prenne une couleur jaune foncé, c'est-à-dire qu'il soit suffisamment cuit; rien n'est bon autant que cette farine.

Voilà tout le parti qu'on sait tirer, dans les Antilles, de cet arbre précieux, tandis qu'aux Indes orientales, l'industrie en a fait une source de richesses; du lait, en le soumettant à diverses préparations, on en fait du vin et des liqueurs; l'enveloppe des fleurs et des cocos sert à faire de la toile à voile et des cordages; avec le bois, enfin, qui est incorruptible, et qui a presque la dureté du fer, on en fait des bateaux; en sorte qu'il n'est pas rare de voir voguer sur l'océan Indien de petits navires dont toutes les pièces, la cargaison même, ont pour commune origine le cocotier.

De tous les arbres fruitiers, celui-ci est le seul qu'on soit forcé, à la Guadeloupe, de cultiver dans sa jeunesse; car il n'en est pas du cocotier comme des autres espèces dont nous avons parlé; la graine de ceux-ci n'étant propre à rien, au moins dans l'opinion des créoles, on la jette, et ces divers végétaux se trouvent multipliés sans peine et sans soin. On va manger des mangots, des oranges sur le bord d'une rivière; si les graines ne se trouvent entraînées par les eaux, dans quelques années on verra là de jeunes manguiers, de jeunes orangers. Un nègre, en traversant une pièce de terre, un hallier, en parcourant un bois, laisse tomber à terre les graines d'un fruit qu'il mange...... dans ce champ, dans ce hallier, dans ce bois, on ira un jour cueillir des fruits semblables, et c'est à ce hasard que la plupart des arbres fruitiers doivent la place qu'ils occupent. Mais on n'a des cocotiers que pour le plaisir d'en manger les cocos, et comme le coco est la graine d'où sort ce bel arbre, on est donc obligé de la semer exprès, d'en favoriser le développement, de cultiver la jeune plante, et c'est l'objet des soins de quelques personnes qui en font une sorte de commerce. L'habitant qui achète de jeunes cocotiers les fait ordinairement planter auprès de son habitation, pour être plus à portée de leur faire donner des soins et en même temps pour être plus sûr d'en récolter les fruits.

On ne confie pas tout de suite cette graine à la terre. Quand elle est bien mûre, on la met, durant une quinzaine de jours, dans un lieu humide ; ensuite, on coupe le bout arrondi de l'enveloppe, pour mettre à découvert les trois trous du coco, dont j'ai parlé plus haut; on le laisse ainsi préparé dans ce même lieu humide, qui est ordinairement le bord d'un ruisseau, pendant un an ou à peu près. Alors on voit sortir par les trous autant de tiges qui se réunissent, et ce n'est encore que cinq ou six mois après qu'on le met en terre.

On creuse à cet effet un trou circulaire, d'un diamètre un peu plus grand que celui du coco, et d'un pied environ de profondeur ; dans le fond de ce trou, on met du sel marin pour activer la végétation de cette plante naissante, qu'on place de manière que la base des tiges réunies réponde à la superficie de la terre. Les racines sortent par les sutures qu'on remarque sur le coco dépouillé de son enveloppe, et se plongent dans le sol. On a soin de sarcler et d'arroser ce jeune cocotier jusqu'à ce qu'il ait atteint une certaine force. On prétend que quand on l'arrose avec de l'eau de mer, il se développe avec beaucoup plus d'énergie et qu'il peut produire à cinq ou six ans ; tandis qu'en négligeant ce moyen, il ne rapporte ordinairement qu'à sept ou huit ans.

Le coco de la Guadeloupe est d'une moyenne grosseur; plus petit que le coco des Maldives, il a bien deux fois le volume de celui de Saint-Barthélemy. Le petit coco qui sert de parure aux dames, n'est point le fruit du cocotier dont je viens de parler, c'est probablement une variété, et cette variété, si elle se trouve à la Guadeloupe, y est fort rare ; je ne l'y ai point vue.

Le palmier ou palmiste. Comme le cocotier, ce bel arbre n'a qu'une tige toute nue, surmontée par des feuilles composées qui retombent aussi en panaches. On ne le distingue de loin du cocotier qu'en ce que ses feuilles, plus courtes, se courbent moins, et que du centre de ces mêmes feuilles s'élève une longue flèche qui semble appeler la foudre. Il ne porte point de fruits; mais parce qu'il fournit aussi quelque chose à la table des créoles, j'ai cru devoir en parler plutôt ici qu'ailleurs. Sa fleur composée, très-nombreuse, est, comme celle du cocotier, renfermée dans une enveloppe ligneuse, très-forte, qui se fend et tombe de même. Ces fleurs blanches, épanouies, font sur l'arbre un effet magnifique; elles sont très-longues. Cette fleur, avant d'être ouverte, est très-tendre, on la mange en salade. J'en ai apporté une que je n'ai desséchée qu'avec beaucoup de peine. Ce qu'on appelle chou-palmiste, c'est le bourgeon de la tige qui se développe au sommet. Il offre des feuilles épaisses, roulées, comme celles du chou, les unes sur les autres. On le mange à différentes sauces. Ce mets, que le créole estime tant, ne m'a pas paru excellent. C'est quand on abat le palmier qu'on en enlève le chou; mais alors on y cherche autre chose, des vers. L'intérieur de son tronc est tout spongieux et filamenteux; le bois est à la circonférence, et n'a environ que trois ou quatre pouces d'épaisseur. Cette plante est monocotylédone. Son bois, éminemment incorruptible, est très-compacte, très-dur et d'un tissu extrêmement serré; dans l'intérieur, il s'engendre et se développe une espèce de ver blanc de deux pouces à deux pouces et demi de longueur, et d'environ deux pouces de circonférence; sa tête est brune, petite et armée de pinces; il se fait, avec des filaments, un petit nid cylindrique ouvert par les deux extrémités, où il se loge; il entre probablement par une de ces extrémités et sort par l'autre, car il ne pourrait pas s'y retourner, tant cette espèce de cylindre creux est étroit. On m'apporta un jour un de ces vers dans son nid; je voulus le faire sortir en le poussant avec le bout du doigt, je me rappelle qu'il me pinça assez fort; pour le conserver, je le mis dans une fiole remplie de rhum, il y vécut plus d'une heure. Ce ver, qu'on appelle ver palmiste, est très-recherché des gastronomes insulaires. Pour se le procurer quand l'arbre est abattu, on pratique de distance en distance des trous par le moyen desquels on le prend dans l'intérieur. On en trouve souvent dans le même tronc une grande quantité. Il est probable que l'insecte qui pond l'œuf d'où sort ce ver, l'introduit par une piqûre faite au bourgeon.

La Guadeloupe abonde en excellents légumes. Les meilleures espèces sont: la patate douce, le malanga, le madère, le camanioc, le topinambour du pays, l'igname, cette racine devient souvent très-grosse, j'en ai mesuré une qui avait deux pieds sept pouces de longueur, et dix pouces huit lignes de diamètre dans son plus grand renflement. Cette racine varie dans sa couleur, on en voit de blanches, de jaunes, de violettes; on trouve l'igname dans les grands bois, mais celle-ci est bien moins recherchée que celle qu'on cultive; elle a beaucoup d'amertume; on l'appelle igname marronne. La patte à cheval, c'est une espèce beaucoup plus petite et beaucoup plus délicate. La couche, le toloman, le dictame, ces deux dernières racines ne sont cultivées que depuis peu d'années à la Guadeloupe; on en extrait, comme de la pomme de terre, une fécule bien vantée pour son goût et ses propriétés médicales; elle est d'ailleurs très-nourrissante. Le melongène, le petit concombre du pays, le gombeau, le gigiri, le coachi, la crystophine, le mosambé; la feuille de cette dernière plante, pilée avec du vinaigre, acquiert la propriété de vésicatorier la peau. Diverses espèces de pois, entre lesquelles se fait remarquer le pois d'angole, très-sain et très-délicat; la plante qui le produit est un arbrisseau. Tous ces légumes croissent dans les champs, plus ou moins loin des habitations.

Dans les potagers, on voit la carotte, le navot, le poireau, la pomme de terre, le chou-pomme, l'asperge, le salsifis, l'artichaut, le céleri, la laitue, la chicorée; mais toutes ces plantes dégénèrent singulièrement sous ce climat, *non omnis fert omnia tellus*.

Simples.

Avant que la médecine ne devînt un objet de spéculation et une source intarissable de systèmes plus ou moins bizarres, l'homme cherchait dans la nature des remèdes à ses maux, sans raisonner sur leurs causes. L'expérience préconisait certaines plantes ; le père les montrait à son fils, en lui en indiquant les propriétés sans chercher à lui en expliquer le mode d'action. Chacun était son médecin à soi-même et la doctrine des simples fut la seule médecine qu'on connût dans les premiers âges du monde ; telle est encore celle d'une infinité de peuplades, dans les deux hémisphères, qui, moins civilisées que nous, sont pourtant plus soumises aux lois de la tempérance, et par là exemptes de cette foule de maladies qui nous assiégent. Les premiers habitants de la Guadeloupe, et en général des Antilles, avaient aussi leurs simples dont la connaissance et l'usage se sont perpétués jusqu'à nos jours chez les nègres et chez beaucoup de blancs. J'indiquerai celles dont on se sert le plus ordinairement.

L'herbe grasse, herbacée très-rafraîchissante. On la prend en infusion pour le rhume. Je me suis aperçu plusieurs fois que, dans certains cas, elle favorise la sécrétion de l'urine.

La raquette commune, plante éminemment mucilagineuse, émolliente et rafraîchissante. On s'en sert en décoction, principalement pour bains et pour lavements ; bien différente de celle dont j'ai parlé, elle est armée de longs aiguillons; son fruit, verdâtre à l'extérieur, est d'un rouge éclatant à l'intérieur, et rempli de petites graines blanches très-dures, ayant la forme de cœurs. Avec le jus de ce fruit, qui n'est que médiocrement bon, les enfants blancs et les gens de couleur colorent leurs vêtements pour se déguiser aux jours gras ; cette couleur ne tient pas : un simple savonnage suffit pour la faire disparaître ; exposée au soleil et même à l'air, elle se ternit promptement.

Le thé du pays. C'est de cette plante qu'on fait le plus fréquemment usage. On en prend les feuilles en infusion dans les indigestions ; elles font, dit-on, couler la bile; on les prend contre la fièvre; mêlées avec l'orange sure, elles font la fonction d'un léger purgatif.

Le petit baume, plante d'une très-agréable odeur; on en prend les feuilles en infusion, dans le cas d'une indigestion, et contre la migraine.

La menthe, plante odoriférante, ayant les mêmes propriétés que la précédente.

Le chiendent, herbacée rafraîchissante. On la prend en infusion.

Eglisse. On se sert de ses feuilles en infusion ou en décoction contre le rhume.

Le melongène bâtard, qui ne ressemble au melongène que par la forme de ses feuilles. L'infusion à froid de ses racines broyées est rafraîchissante.

Le roucou. Ses feuilles, pilées avec de l'eau et du rhum, se donnent comme antidote aux animaux empoisonnés.

La pistache, plante qui croît sur le bord des eaux, toute différente du pistachier qui porte des amandes. On se sert de sa racine, en décoction ou en macération, contre le ténesme.

Le corossol. L'infusion de ses feuilles se prend dans certaines affections nerveuses très-ordinaires chez les femmes créoles, et qu'elles nomment vapeurs.

La citronnelle. Ses feuilles se donnent en infusion comme sudorifiques ; la racine est un poison actif.

Le semen-contra. Son infusion se prend comme vermifuge.

Le pois à gratter. On prend dans du gros sirop le poil qui recouvre le pois, ainsi que l'infusion des feuilles de cette plante, comme vermifuges.

L'herbe à pic. Ses feuilles se prennent en infusion comme vermifuges et fébrifuges.

Le chardon bénit, ou herbe à fer. L'infusion de ses feuilles et de sa tige se donne comme fébrifuge et sudorifique.

Le balai doux. La décoction de sa racine, mêlée, à parties égales, avec du rhum, du jus de citron et du gros sirop, se donne contre les faiblesses d'estomac et les coliques.

Le coachi. L'infusion de son bois dans du rhum et de l'eau se donne comme vermifuge et pour exciter l'appétit ; elle est très-amère.

L'herbe à blé. Le jus de ses feuilles se prend quand on a fait une chute et qu'on craint qu'il ne se forme quelque abcès à l'intérieur.

Le médecinier blanc. Ses bourgeons se prennent en infusion comme fébrifuges.

La baraguette. On se sert de l'infusion de sa fleur comme fébrifuge.

L'avocatier. On se sert de ses feuilles en infusion dans les indigestions ; on s'en sert aussi dans les chutes comme vulnéraire.

L'orange sure. On la prend cuite avec du gros sirop pour se rafraîchir et se préparer à une purgation , ou contre la fièvre ; avec du sucre contre le ténesme et la dyssenterie ; avec du miel et du vin blanc pour activer ou faire reparaître les évacuations qui suivent l'accouchement.

Le lait de coco. Il se donne avec succès contre le scorbut.

Le sapotiller. On en prend les graines en émulsion édulcorée pour exciter la sécrétion de l'urine; on applique en même temps le marc sur le bas-ventre.

Le sou-marqué. Cet arbrisseau doit probablement son nom à la forme de ses feuilles qui sont petites et rondes. On s'en sert en bain contre la galle ; la décoction de sa racine se prend contre les maux d'estomac.

Le collant , arbrisseau de quatre à cinq pieds

de hauteur, bien célèbre par l'usage fréquent qu'on en fait. Ses feuilles, pilées avec du sel et du vinaigre, s'appliquent avec succès sur la peau pour la vésicatorier ; la peau est levée au bout d'une demi-heure ; on a recours à ce moyen dans le cas où il faut ranimer fortement et promptement la sensibilité ; Les médecins eux-mêmes l'emploient très-souvent.

La plupart de ces simples se trouvent dans les halliers et sur le bord des torrents.

Plantes cultivées.

Ce chapitre comprendra les végétaux qui sont l'objet d'une culture assidue, comme étant la source des richesses de ce beau pays. Autant le créole néglige les plantes de pur agrément et la plupart des arbres fruitiers, autant il prend soin des plantes qui vont nous occuper, parce qu'elles seules peuvent lui procurer de l'or et les moyens de bien vivre.

Le tabac. Cette plante qu'un usage dont on aurait peine à retrouver l'origine, a rendu si célèbre et si utile, se cultive avec beaucoup de succès à la Guadeloupe ; c'est principalement dans les hauteurs qu'on le cultive en grand ; celui qui croît sur le bord de la mer ne brûle pas bien, et, par cette raison, est moins estimé.

Quand cette plante a acquis le degré de maturité nécessaire, on l'arrache, on la met dans un lieu un peu humide, pour que la fermentation puisse s'y établir; on roule ensuite les feuilles en carottes quand elles sont, comme on dit, entre vert et sec, et on les réduit en poudre très-fine par l'action d'un moulin que je n'ai pas vu et sur le mécanisme duquel je ne puis conséquemment rien dire. On voit pourtant, auprès de la Basse-Terre, un de ces établissements qui appartient à un M. Bazin. J'en ai vu de loin l'extérieur, et j'ai été presque étourdi par le bruit que fait cette mécanique; mais, pour des raisons particulières, je ne me suis point fait introduire dans l'intérieur.

C'est principalement en cigares que les créoles consomment le plus de tabac. Il n'est pas un blanc, pas un noir, qui, presque à tous les moments du jour, n'ait le cigare à la bouche. C'est, pour l'habitant, un plaisir d'offrir, en sortant du festin, de bons cigares à ses convives. (On appelle habitants les blancs qui demeurent sur leurs propriétés rurales et qui s'occupent de culture.)

Ricin, palma christi. Cette plante est vivace

dans la zone torride et s'élève jusqu'à sept ou huit pieds ; tout terrain lui est propre ; on en sème la graine en tout temps ; son bois est très-fragile, il ne résiste point à un grand vent ; elle fleurit au bout de six mois et produit des graines ; ces graines, comme les fleurs auxquelles elles succèdent, sont disposées en grappes ; elles sont renfermées dans une enveloppe qui éclate avec bruit quand les graines sont mûres, et les graines se trouvent lancées souvent fort loin ; chaque enveloppe contient ordinairement quatre graines, grosses à peu près comme un pois, allongées, brillantes, présentant des dessins de diverses nuances.

C'est pour en récolter les graines qu'on cultive cette plante. On en retire une huile bien précieuse, et pour cela, on les fait légèrement griller sur une platine de fer, ensuite on les pile, et on les fait bouillir dans de l'eau ; l'huile se dégage, surnage l'eau : on la ramasse avec une cuiller, ou l'on décante. Si les graines étaient trop grillées, l'huile serait noire et contracterait un mauvais goût. L'huile ainsi dégagée exige encore une préparation ; on la fait bouillir seule avec un peu de sel marin (sulfate de soude), et l'eau qu'elle pourrait contenir s'évapore ; si cette dernière opération n'était pas poussée assez loin et qu'il restât encore de l'eau, l'huile ne pourrait brûler, la mèche pétillerait et s'éteindrait ; d'ailleurs, l'huile finirait par se corrompre et répandre une odeur fétide.

On fait un grand usage de cette huile comme purgatif.

L'indigo. La culture de cette plante est maintenant presque abandonnée à la Guadeloupe, quoique, autrefois, elle y ait été l'objet des spéculations d'un grand nombre d'habitants. Cette plante, à tige ligneuse et cannelée, ne s'élève qu'à deux ou trois pieds ; les feuilles en sont petites, d'un vert clair, les fleurs disposées en grappes, les gousses recourbées, très-grêlées, et d'un pouce de longueur; les graines très-petites, noires et brillantes.

On la trouve dans beaucoup d'endroits cultivés autrefois, maintenant incultes, dans certains halliers et sur le bord de quelques chemins. C'est de cette plante qu'on extrait ce beau bleu qu'on appelle aussi indigo et dont on fait un si grand usage. Rien de plus simple que ce travail. On coupe la plante au ras de terre, on la met dans des barils, on y verse de l'eau et on la laisse ainsi infuser durant huit jours; on la retire ensuite, on agite l'eau avec un balai : le bleu vient à la surface, on l'ôte avec une cuiller ou un coui (moitié de calebasse), on le met dans un sac de toile d'un tissu bien serré, où on le laisse égouter durant vingt-quatre heures; le bleu reste au fond du sac qu'on retourne, on l'en détache avec un couteau, et on le fait sécher au soleil en lui donnant différentes formes.

Quelquefois l'indigo reste suspendu dans l'eau, sans s'élever à la surface, et alors on ne peut le recueillir. Les nègres s'imaginent que cette mésaventure n'a lieu que parce qu'il entre, dans le lieu où se fait cette préparation, des femmes durant leur évacuation mensuelle ; beaucoup de blancs même sont assez simples pour partager cette opinion qui, à ce qu'il me semble, n'est qu'un préjugé. C'est probablement à la présence des sels que l'eau dissout en roulant sur certains terrains, qu'il faut attribuer cet effet, ou aux herbacées qui sont mêlées avec l'indigo quand on le coupe.

Le giroflier. Ce bel arbuste est encore peu cultivé à la Guadeloupe. M. Le Mercier, habitant et commandant du vieux fort, homme respectable sous beaucoup de rapports, est le premier et le seul qui jusqu'ici l'ait cultivé en grand, et pourtant, le gouvernement de Louis XVIII lui refusa la prime qu'il demandait et lui envoya la croix de Saint-Louis, qu'il ne demandait pas.

Rien n'est beau comme une pièce de girofliers en fleurs. Tous les lieux environnants sont embaumés de la délicieuse odeur qu'ils exhalent. Ces fleurs sont disposées en bouquets et offrent quelque ressemblance avec celles du jasmin. Ce sont ces mêmes fleurs desséchées que le commerce répand sous le nom de clous de girofle, que tout le monde connaît.

Oseille de Guinée. Cet arbrisseau n'est pas fort commun à la Guadeloupe et exige une culture soignée. Il s'élève à la hauteur de cinq à six pieds; les pétales de sa fleur sont d'un beau rouge cràmoisi et d'un goût fort acide. On en fait de la gelée et des confitures excellentes.

Le frangipanier, gros et grand arbre qui présente la singulière propriété de ne porter qu'alternativement ses feuilles et ses fleurs. Il ne donne point de fruits. La feuille, longue, étroite et pointue, paraît d'abord, et quand la fleur est pour naître, les feuilles tombent, et la fleur se développe également sur le tronc, sur les branches et sur les rameaux. Elle n'a point de calice; elle a cinq pétales roulées les unes sur les autres à leur base. On voit deux variétés de frangipanier, l'une porte des fleurs blanches, l'autre des fleurs rouges ; ces fleurs exhalent une odeur douce et agréable ; on les soumet, comme celles de l'oranger, à la distillation pour en conserver les particules odorantes et les employer à divers usages. Les racines de cet arbre sont sudorifiques ; c'est principalement de celles du frangipanier à fleurs blanches qu'on se sert.

Le calebassier est un arbre de moyenne taille, il est assez rare dans certains endroits de la colonie. Les feuilles de cette plante sont disposées en bouquets ; les fleurs naissent sur les grosses branches. Il porte un fruit qu'on nomme calebasse, dont l'enveloppe est ligneuse, solide, et dont l'intérieur est une pulpe blanchâtre d'une consistance assez ferme. Il n'est point d'arbre qui, sous le rapport de son fruit, soit aussi utile que celui-là. La pulpe se donne dans certaines affections pulmonaires ; l'enveloppe a des usages sans nombre. Il varie dans ses dimensions comme dans ses formes ; ordinairement il est rond, et son diamètre a de deux à vingt pouces ; on en voit de fort allongés qui, étant coupés dans le sens de leur grand axe, servent de cuillers à pot. Parmi les ronds, les plus petits ne sont que des objets de curiosité et sont même assez rares. Les plus grosses calebasses servent aux nègres pour aller puiser de l'eau ou pour transporter, sur leurs têtes, du gros sirop de la campagne à la ville. On n'y pratique qu'un trou suffisamment grand pour pouvoir en ôter l'intérieur; les autres calebasses se coupent ordinairement en deux parties égales, au moyen d'une petite ficelle tendue roide sur la circonférence d'un de leurs grands cercles, et sur laquelle on frappe légèrement avec un instrument quelconque. Chaque moitié s'appelle coui, et ces couis servent dans une foule de circonstances; la plupart des nègres n'ont pas d'autre vaisselle. C'est dans ces couis qu'ils mangent et qu'ils boivent. Les calebasses de moyenne grosseur leur servent pour mettre leur farine de manioc; ils en enlèvent une calotte qui fait la couverture et qui glisse entre les ficelles qui suspendent la calebasse. Ils appellent tinette cette espèce de vase. On travaille à l'extérieur les calebasses comme les cocos.

Le calebassier reprend de bouture.

Le karaka. Cette plante, du genre des aloès, sert principalement pour faire des lisières (pour clore des pièces de terre); quand elle a acquis un certain âge, elle fleurit tous les ans ; il s'élève de son sein une tige de douze à quatorze pieds, à l'extrémité de laquelle les fleurs s'épanouissent.

L'intérieur des feuilles, qui sont fort épaisses, n'est formé que de filaments très-fins, que les nègres nomment lapittes. On s'en sert pour coudre ou pour faire des cordes.

Les racines du karaka sont sudorifiques et on les prend en décoction dans les affections cutanées.

Le pois doux. Cet arbre, de moyenne taille, est orné d'un beau feuillage ; quand il est en fleurs surtout, il charme les yeux de celui qui le considère ; il produit des cosses qui renferment cinq ou six graines d'un vert très-foncé ; ces graines sont recouvertes d'une pulpe molle, blanche comme la neige, qui fait naître sur le palais une sensation de fraîcheur aussi douce qu'agréable. On entoure de ces arbres les plantations de cafier ; on ne le cultive que pour cet usage. J'en dirai encore quelque chose quand je parlerai du cafier.

Cacaoyer. Ce grand arbre croît principalement dans les lieux humides, sur le bord des rivières et des ravins. Son port est majestueux ; ses feuilles, très-grandes et d'un beau vert foncé, donnent beaucoup d'ombrage ; il faut soigneusement sarcler ce précieux végétal quand il est jeune. C'est quand il a atteint cinq à six ans qu'ils commencent à porter des fruits ; celui de ce bel arbre est une calebasse allongée, creuse, traversée à l'intérieur, dans le sens de son plus grand axe, par un fort ligament autour duquel sont rangées des graines grosses à peu près comme des fèves de Soissons. Ces graines sont revêtues d'une pulpe blanchâtre, douce au goût. Les rats semblent faire leur délice de la pulpe et de la graine ; pour les avoir, ils percent la calebasse, qui pourtant est forte.

On ne cultive cet arbre que pour en avoir la graine dont on fait le chocolat. Quand elle est à maturité, la calebasse prend une belle couleur jaune ; alors on la cueille et on met les graines dans une cuve qu'on couvre de feuilles de séguine. La fermentation s'établit, la pulpe s'aigrit, se fond ; on agite de temps en temps ; les graines enfin se trouvent à nu au bout de huit à dix jours ; on les lave, on les fait sécher au soleil ; quand elles sont sèches, on les pile dans un mortier ; on en fait une pâte qu'on met en bâtons, voilà le chocolat que tout le monde connaît, et tel qu'on le vend dans la colonie ; il ne reste plus qu'à l'édulcorer.

Le bilimbi. Cet arbre, d'une moyenne hauteur, porte des fruits cylindriques qu'on prendrait pour des cornichons. Ces fruits, verts en dehors, blancs en dedans, naissent sur toutes les parties du tronc et des branches. On en fait d'excellent vinaigre, et à cet effet on les met à fermenter dans un vase; ils se réduisent en eau, ou plutôt en fort vinaigre que l'on passe à l'alambic; ce vinaigre est blanc et d'une acidité plus agréable que celle du vinaigre de vin. On l'emploie avec succès, ainsi que le fruit, pour faire disparaître du linge les taches de rouille, de mangots, etc.

Le manioc. Cette plante, si célèbre et si utile, s'élève à quatre et cinq pieds; la tige en est cylindrique et remplie d'yeux; les feuilles, digitées, sont placées au sommet de la tige; les racines, plus ou moins grosses, sont articulées; elle reprend de bouture. On en distingue plusieurs espèces :

1° Le bois grand-camp. — 2° Le tête-bleue. — 3° Le bois jacques. — 4° Le bois lisette. — 5° Le petit-colas, nouvellement introduit dans la colonie. — 6° Le Saint-Martin, écorce de la tige blanchâtre. — 7° Le brindot, écorce jaunâtre. — 8° Le racadot, écorce noirâtre.

Cette dernière espèce est la plus estimée. Le

manioc tête-bleue renferme dans toutes ses parties un poison très-subtil, tandis que, dans les autres espèces, il n'y a que l'eau qu'on exprime des racines qui empoisonne; les rats, qui mangent impunément des racines de celles-ci, ne touchent point à celles du manioc tête-bleue. Le gouvernement défend de le planter.

On coupe par bouts d'un pied de longueur les tiges qu'on choisit pour planter, on pique ces bouts dans une terre bien préparée, et on sarcle plusieurs fois. Cette plante se trouve souvent attaquée par des chenilles qui se nourrissent de ses parties tendres et la font mourir. J'ai ouï dire à M. Roussel, habitant distingué des Trois-Rivières, qu'une de ses pièces où l'on n'avait pas vu une seule chenille, s'en trouva couverte en moins de trois heures, sans qu'on ait pu concevoir d'où elles venaient; il en mesura plusieurs qui avaient de six à sept pouces de longueur, les autres en avaient de quatre à cinq. Ces chenilles sont très-belles et rayées sur le dos de diverses couleurs.

On arrache le manioc à différents âges, selon la qualité du terrain. Si on l'arrachait trop jeune, les racines contiendraient trop d'eau et ne donneraient que peu de farine. En général, on ne l'arrache pas avant dix mois ni après dix-huit.

Outre les espèces de manioc que je viens de nommer, il en est une autre qu'on appelle manioc doux, que l'on mange comme l'igname ; j'ignore si on la cultive à la Guadeloupe, je ne l'y ai jamais vue.

C'est donc avec les racines de cette plante qu'on fait la farine de manioc, cette fameuse farine qui est, pour ainsi dire, le fond de la nourriture des créoles, farine par excellence et qu'en général on préfère au pain. C'est encore avec ses racines qu'on fait la cassave et la moussache.

Pour faire la farine, on pelle les racines, on les lave, on les râpe, ou, comme on dit, on les grage, en les frottant sur une planche hérissée de pointes de cuivre à la manière d'une râpe ; ensuite, on les met dans des sacs faits avec des feuilles de latanier, et on les soumet à une assez forte pression ; l'eau qui en sort contient un poison violent. L'odeur qu'elles répandent, quand on les râpe, excite la toux et fait rougir le blanc des yeux ; beaucoup de personnes ne peuvent supporter cet effet.

Quand ces racines ont été ainsi préparées, on les passe à l'ébichette, c'est-à-dire qu'on les met dans une espèce de tamis carré qui porte sur un baquet, et dont le fond est un treillis fait avec des écorces de bambou ou de roseau ; on les agite, et la farine passe par les trous de l'ébichette ; ce qui ne peut passer se nomme courelle ; ce sont des morceaux de la racine qui n'ont pas été assez finement râpés. Cette courelle se donne aux oiseaux de basse-cour. Il ne reste plus qu'à faire cuire la racine ; on la met alors, par petites parties, sur une platine en fer sous laquelle on entretient un feu à peu près égal ; on la remue continuellement avec un bout de planche emmanché en guise de rateau, jusqu'à ce qu'elle soit étourdie, c'est-à-dire en grain. Cette farine est blanche ordinairement, mais elle prend une teinte gris cendré quand les diverses préparations auxquelles on la soumet ne sont pas bien ménagées.

La moussache est une fécule qui se dépose au fond de l'eau qui sort de la racine râpée quand on la presse, et que j'ai dit contenir un poison. On décante, on lave bien cette fécule, on la laisse même tremper, comme on dit, pendant vingt-quatre heures ; on décante encore, et l'on fait sécher la moussache. Avec cette moussache, on fait des bonbons, de la bouillie, elle sert aussi d'amidon.

La cassave est une espèce de gâteau qu'on fait avec un mélange de moussache, de farine, de sel et de beurre. Ce gâteau est de la grandeur et de l'épaisseur d'une galette de sarrasin. C'est encore sur la platine qu'on le fait cuire.

Le bananier. Il n'est peut-être pas dans la nature, excepté le blé, pourtant, de plante aussi précieuse que celle-ci. Outre que le fruit en est délicieux au goût, il offre à l'économie animale un riche aliment qui peut lui tenir lieu de tout autre et qui n'a pas l'inconvénient de faire naître le dégoût par un long usage, comme tous ceux dont nous soutenons notre frêle existence; aussi semble-t-elle le vendre cher par les soins assidus qu'elle exige de la main des hommes.

Le bananier s'élève à la hauteur de quatorze à seize pieds; la tige en est faible et ne résiste pas à un ouragan; les feuilles, qui partent du sommet, ont sept à huit pieds de longueur, deux pieds et demi à trois pieds de largeur; mais en les agitant, le plus léger vent les déchire, en sorte qu'on les croirait d'abord composées comme celles du cocotier, et qu'il est très-rare de les trouver entières, à moins qu'elles ne soient en quelque sorte naissantes.

Pour donner une idée plus claire de ce végétal intéressant, il faut le suivre, pour ainsi dire, dans son développement, et indiquer en même temps l'art de le cultiver.

D'abord, on choisit pour former une bananière un lieu commode, d'un bon fond, et toujours à l'abri du vent d'est, qui est le vent régnant; on y répand le fumier d'une main prodigue; on y creuse des trous de dix-huit pouces de profondeur, et, dans ces trous, on plante les rejetons du bananier, qu'on incline dans la direction de l'est à l'ouest, et qu'on recouvre seulement d'un peu de terre; de trois mois en trois mois, on sarcle ce jeune plan, et on a soin, chaque fois, de rapprocher la terre au pied de chaque rejeton. Au bout de quatre à cinq mois, chacun d'eux commence à se voir entouré de faibles rejetons qui naissent à ses pieds. A neuf mois, la tige mère montre à son sommet le régime qui renferme le fruit. A un an, quand le fruit a atteint sa maturité, cette tige superbe meurt, et ses rejetons lui succèdent sans fin, et, comme elle, se flétrissent et tombent quand ils ont rempli le vœu de la nature ; en sorte que la racine seule du bananier est vivace, et que sa tige est annuelle. Si l'on n'avait pas soin de couper la plus grande partie de ces rejetons, ils deviendraient bientôt innombrables, et en peu d'années la même touffe envahirait une très-vaste étendue de terrain, mais les fruits dégénéreraient et deviendraient à peu près nuls. On ne laisse croître ordinairement que trois rejetons ; dans certains terrains, cependant, on en laisse jusqu'à sept ou huit à chaque pied.

Ce qu'on nomme régime, c'est l'extrémité de la tige où sont attachées les bananes. La disposition de celles-ci sur celle-là est tout à fait extraordinaire, et la nature semble ne l'avoir rendue propre qu'à cette espèce. Chaque régime a cinq, six, sept, rarement huit pattes, disposées autour de la tige, et à deux à trois pouces l'une de l'autre. Une patte ressemblerait en quelque sorte à une épaulette de général, dont les torsades représenteraient les bananes. Le nombre de bananes sur chaque varie selon la place qu'elle occupe sur le régime ; la première en allant vers l'extrémité de la tige, offre ordinairement de douze à vingt bananes, la dernière n'en a que cinq à huit, et qui sont plus petites et moins grosses. Les bananes de chaque patte sont disposées sur deux rangs qui posent l'un sur l'autre.

Quand la tête du bananier se trouve rompue ou fortement froissée avant que le régime ne paraisse, la tige se fend par le milieu, le régime sort par cette fente; elle contient alors plus de pattes que quand elle se développe au haut de la tige, mais les bananes sont plus petites.

Il y a plusieurs variétés de bananier qu'on ne distingue qu'à leurs fruits.

Le bananier blanc. C'est le plus estimé, le régime en est plus beau que celui de tout autre; il a plus de pattes, et chaque patte plus de bananes. C'est le moins délicat sur la qualité et le choix du terrain.

Le bananier noir, de la couleur de sa tige. Il ne vient pas bien dans toute sorte de terre.

Le bananier serpent. La tige en est très-frêle, il ne faut qu'un léger vent pour la forcer et l'empêcher de se développer. Il n'y a que dix à douze ans qu'il est connu à la Guadeloupe.

Le bananier rose. Son régime n'a que cinq ou six

pattes ; ses bananes sont petites. Cette variété est assez rare à la Guadeloupe, il n'y a que sept ou huit ans qu'on l'y a introduite.

Le bananier à cornes. Il ne vient bien que dans de très-bonne terre ; son régime n'a que trois ou quatre pattes et chaque patte quatre ou cinq bananes ; mais ces bananes sont grosses et longues en proportion du petit nombre ; on en voit de quinze à dix-huit pouces de longueur.

Toutes ces variétés de bananes sont jaunes, ont la même forme, à peu près le même goût; elles ne diffèrent que par leur longueur, leur grosseur, et surtout par les taches de leur peau.

On fait avec les bananes un excellent vinaigre ; sa préparation consiste à laisser fermenter les bananes dans des vases; elles se fondent et l'on passe. Ce vinaigre est blanc et très-fort.

La figue banane est beaucoup plus courte, d'un goût beaucoup plus délicat, plus tendre, plus sucrée, plus fondante que la banane. Celle-ci présente quatre angles bien prononcés, celle-là est presque cylindrique. On en voit deux variétés.

La figue commune jaune. Son régime a de huit à

onze pattes, dont la première a de vingt à vingt-deux figues.

La figue d'Haïti, ou figue rouge. Elle est rougeâtre à l'intérieur, sa peau est d'un rouge cramoisi; son régime a de quatre à six pattes, chaque patte de dix à douze figues.

Le cotonnier. Si on laissait prendre à cette plante tout son développement, elle aurait et la hauteur et la force d'un arbre ordinaire. J'en ai vu quelques pieds abandonnés à eux-mêmes, qui avaient atteint la taille d'un pommier, mais ils ne produisaient que peu de fruit; et comme le fruit est seul l'objet des spéculations du planteur, on se garde bien de le laisser trop pousser en bois. On en sème la graine en avril, dans une terre bien préparée, et on récolte le coton en janvier, février et mars de l'année suivante. On sarcle soigneusement les jeunes cotonniers; on les arrête, c'est-à-dire qu'à certaine époque de leur croissance on en coupe le sommet. Cette plante pousse avec une activité étonnante. J'en ai cultivé quelques pieds dans un petit jardin que j'avais à la Basse-Terre, et j'en ai rapporté un de dix mois qui avait plus de douze pieds de hauteur.

Après la première récolte, on coupe les cotonniers à un pied de terre, et c'est ce nouveau bois qui, l'année suivante, répond aux vœux du cultivateur. Après cette seconde récolte, on renouvelle ordinairement la pièce en la labourant et en y semant de nouveau des graines. On pourrait encore couper le bois de la seconde année, mais celui de la troisième produirait beaucoup moins de fruits.

On compte plusieurs variétés de cotonniers.

Le cotonnier blanc ou commun. C'est celui qu'on cultive le plus ordinairement et dont le commerce exporte le fruit sous le nom de coton de la Guadeloupe; la fleur en est jaune et la graine noire.

Le coton fin. La graine est verte, plus grosse que celle du précédent; elle tient fort au coton, et c'est avec la main qu'on l'en détache; le coton est soyeux au toucher, plus blanc, plus fin, moins cassant que celui du cotonnier commun.

Le coton boule. On cultive cette variété avec beaucoup de succès dans les colonies espagnoles. Elle s'élève beaucoup moins que les autres, on ne l'arrête pas; le fruit en est trois fois plus gros que celui des autres variétés; les graines en sont autrement disposées, elles se tiennent toutes dans chaque lobe.

Le cotonnier siam. Les nervures et les pétioles des feuilles, la tige elle-même, sont rougeâtres; la fleur en est rouge, le coton en est jaune comme le nankin, la graine est verte; on en cultive fort peu à la Guadeloupe, on ne l'exporte point.

Aux belles fleurs du cotonnier succèdent les fruits; ce sont des capsules dont l'intérieur offre quatre cloisons; le coton, arrangé autour des graines, en remplit les cavités. Quand le coton est mûr, la capsule se dessèche et s'ouvre; si l'on tardait trop à le cueillir, le coton tomberait à terre en s'épanouissant.

C'est au moyen de moulins qu'on en sépare les graines; ces graines contiennent une huile qu'on en pourrait facilement extraire et qui probablement servirait ou dans les arts ou dans l'économie domestique.

Le cafier. Cette plante, dont la graine fait les délices des trois quarts du genre humain, est un arbuste que les planteurs ne laissent croître que jusqu'à la hauteur de cinq à six pieds, parce qu'alors il rapporte beaucoup plus de fruits que si on le laissait prendre tout son essor; dans ce dernier cas, les rameaux seraient droits; dans le premier, ils s'inclinent vers la terre en formant des courbes ; les feuilles de cet arbuste sont d'un beau vert luisant; la fleur en est blanche, petite, à peu près semblable à celle du jasmin éphémère ; il fleurit à plusieurs reprises, ou plutôt les fleurs s'y succèdent pendant trois ou quatre mois ; elles commencent à paraître en janvier; on voit donc à la fois, sur le même pied, des boutons, des fleurs, des fruits à divers états de maturité et de diverses nuances. Il est très-rare, et on ne l'a vu qu'une fois dans un demi-siècle, que le cafier ait une seule et même fleuraison ; dans ce cas, les cerises mûrissent en même temps, et la récolte en est pénible à moins qu'on n'ait un grand nombre d'esclaves.

Les fruits sont disposés en bouquets sur les rameaux ; chaque bouquet offre de dix à douze cerises, grosses comme des merises à peu près, et chaque rameau porte quatre, cinq, six, sept, huit, dix bouquets, selon sa longueur; la pulpe qui revêt les graines est pénétrée de leur arome même ; elle est légèrement sucrée, et donnerait, dit-on, le ténesme si l'on en mangeait une grande quantité.

Chaque cerise contient ordinairement deux graines qui se touchent par leur face plane, mais quelquefois les cerises n'en ont qu'une, et alors cette graine est roulée, sans doute parce qu'elle n'est point appuyée comme les autres lorsqu'elle est tendre. Ce café roulé est ordinairement plus estimé et vaut toujours plus cher que l'autre ; certaines gens même s'imaginent que ce sont deux variétés de café ; erreur, c'est la même plante qui les produit ; ils ne diffèrent que par la forme, et la cause de cette différence n'est qu'un accident ; ce n'est donc que parce qu'il est plus rare et moins répandu qu'on croit trouver dans le café roulé un goût plus délicat. La grosseur de ces graines précieuses varie selon la situation des lieux ; dans les hauteurs, elles sont plus grosses ; elles le sont moins dans les terrains bas.

Le cafier ne vient que de graines, cependant on ne le sème pas. J'ai dit ailleurs que les rats mangent avec avidité la pulpe de la cerise ; ils ne touchent pas aux graines, et quoiqu'on ait soin d'en ramasser autant qu'on le peut, il en reste toujours beaucoup que les herbes empêchent de voir ou que le temps ne permet pas de recueillir ; ces graines poussent et font au pied de chaque cafier une sorte de pépinière ; c'est là que les cultivateurs vont prendre le nouveau plant. A trois ans, le cafier commence à rapporter des fruits ; à cinq ans, il est dans toute sa vigueur. On le sarcle trois ou quatre fois par an; on le taille, on met du fumier à chaque pied; sans ces précautions, on le verrait dégénérer au point qu'il cesserait de produire des fruits et périrait bientôt.

On plante autour de chaque pièce de cafiers des pois doux, de ces beaux arbres dont j'ai déjà dit un mot, et les cafiers qui les avoisinent sont toujours beaucoup plus beaux, beaucoup plus vigoureux et d'une végétation plus active et plus riche que les autres; ceux qui occupent le centre des pièces, qui conséquemment sont les plus éloignés des pois doux, ne végètent qu'avec peine, sont plus petits et d'un vert beaucoup moins foncé. A quoi peut tenir cette différence? ce n'est sans doute point, comme quelques-uns le croient, à l'ombre que les pois doux répandent sur les premiers; car, pourquoi le galba, le calebassier, le pommier rose, qui donnent au moins autant d'ombrage que le pois doux, ont-ils été employés sans succès, pourquoi n'ont-ils pas sur les cafiers qui les avoisinent la même influence? Ne serait-il pas plus raisonnable d'attribuer cet heureux effet à l'engrais que forment au pied des cafiers les feuilles qui se détachent des pois doux?

Le cafier est sujet à plusieurs espèces de maladies dont le siége semble être dans la racine; souvent on le voit se faner tout à coup et mourir, lors même qu'il est chargé de fruits. Les cafiers de tout un rang subiront le même sort, tandis que leurs voisins ne souffriront point; en vain voudrait-on les remplacer, les nouveaux pieds périraient de même. On ne sait à quoi attribuer ce malheureux effet, qui, depuis quelques années, est devenu si fréquent; je me suis imaginé que des vapeurs sulfureuses qui atteindraient la racine pourraient bien en être la cause, ce qui ne serait rien moins qu'étonnant dans un sol entièrement volcanique.

Les cerises commencent à mûrir vers la fin de juillet, et peu après commence la récolte, qui dure ordinairement trois à quatre mois. Ce travail se distribue aux esclaves; tandis que les uns vont avec des corbeilles cueillir sur les cafiers les cerises mûres, les autres restent à la manufacture pour les recevoir et préparer le café. Il faut d'abord dépouiller les graines de la pulpe qui les revêt. Cette opération se fait dans un moulin dont l'appareil est fort simple; il consiste en un cylindre de trois à quatre pieds de longueur et de dix à onze pouces de diamètre; il est traversé par un axe terminé aux deux extrémités par une manivelle; sa surface convexe est garnie d'une plaque de cuivre remplie d'aspérités, à peu près comme celles d'une râpe; ce cylindre répond à la surface concave d'un cylindre creux auquel il est concentrique; la différence de leurs diamètres est telle que la graine peut facilement se loger dans l'espace compris entre les deux surfaces, et que la cerise ne le peut pas. Le cylindre creux présente deux fentes pratiquées parallèlement aux arêtes, l'une supérieure par où l'on introduit les cerises, l'autre inférieure par où sortent les graines et la pulpe séparées. Les cerises sont amenées à la fente supérieure au moyen d'une table à rebords, inclinée. Le café, en sortant par la fente inférieure, tombe dans une caisse inclinée qu'on nomme ébichette, dont le fond est un treillis disposé de manière à le laisser facilement passer; enfin, sous l'ébichette est une autre caisse destinée à le recevoir.

Deux noirs font tourner, à l'aide de manivelles, le cylindre intérieur; un troisième a soin de faire glisser les cerises sur la table inclinée, et un quatrième secoue l'ébichette pour faire tomber le café dans la caisse, et ôte de dessus l'ébichette la pulpe et la peau des cerises qui ne passent point, et ne doivent pas passer.

Le café, après cette opération, n'est pas encore

à découvert, il est toujours revêtu d'une enveloppe coriace dont on ne peut le dépouiller de suite. On le met dans un bac de bois où on le lave pour en ôter le reste de la pulpe ; on le fait ensuite sécher au soleil sur une terrasse bien pavée qui est ordinairement devant la maison de maître ; on l'expose ainsi pendant sept ou huit jours à l'ardeur du soleil, puis on le met dans des greniers ouverts de toutes parts, pour qu'il se sèche davantage ; car si on lui ôtait cette enveloppe avant qu'il ne fût bien sec, au lieu d'être vert, il deviendrait blanchâtre, ce qui lui ferait perdre beaucoup de son prix.

Quand on veut le dépouiller de cette enveloppe, on le pile dans une auge circulaire, précisément de la même manière qu'on pile les pommes dans la Normandie pour en faire du cidre ; l'appareil est tout à fait le même. C'est un mulet ou un cheval qui tourne la meule, qui est toujours de bois et d'une pesanteur telle qu'elle peut bien briser l'enveloppe, mais non écraser la graine. Avant de piler le café, on l'expose quelques jours encore au soleil, et quand il est pilé, on le passe à un autre moulin qui fait l'office de van; enfin, on le transporte dans la maison de maître, on l'étend sur des tables, et des négresses et des négrillons l'épluchent. Quand il est purgé de tous les mauvais grains, de toutes les saletés qu'il pouvait contenir, il est ce qu'on appelle marchand, et alors on le livre aux négociants.

Il est une foule d'habitants qui n'ont que l'espèce de moulin dont j'ai parlé en premier lieu ; ils font piler à bras le café dans des auges de bois et le vannent en le transvasant en plein air quand il fait du vent. Mais, de cette manière, le café n'est jamais bien préparé.

La canne à sucre. C'est un roseau du genre des graminées, qui s'élève à diverses hauteurs, selon la nature du sol qui le produit. J'en ai vu qui avaient plus de douze pieds, comme aussi j'en ai remarqué qui en avaient à peine cinq. La canne reprend de bouture, mais ce n'est jamais que la tête ou le sommet que l'on plante. C'est dans les mois de janvier, de février ou de mars qu'on plante plus avantageusement la canne. Dans le mois de septembre, il s'élève de son sommet une tige dont la hauteur varie de quatre à six pieds, sans nœud, frêle, et dont l'intérieur est spongieux, qu'on nomme flèche, et au bout de laquelle se développe la fleur ; en décembre, la flèche tombe, et la canne, ayant acquis toute sa maturité, est alors bonne à couper.

Il est des habitants qui font planter la canne en tout temps ; mais une longue expérience a appris que le sucre est bien meilleur quand on la plante dans les mois que je viens d'indiquer. On sarcle trois fois l'an le jeune plant de cannes ; pendant trois ou quatre années de suite, on laisse pousser les rejetons du pied des cannes qu'on a coupées ; mais ces rejetons durcissent de plus en plus ; leurs nœuds se rapprochent chaque année, et le sucre qu'ils donnent va toujours en diminuant. C'est quand elle a un an, ou même quatorze mois, qu'on coupe ordinairement la canne, parce qu'elle contient alors moins d'eau ; on peut pourtant la couper à onze mois.

On distingue plusieurs variétés de canne à sucre.

1º La canne d'Otaïti. C'est celle qu'on cultive le plus ordinairement ; elle est jaune, sa hauteur moyenne est de huit à neuf pieds, sans la flèche.

2º La canne de Batavia. L'écorce en est violette ; elle contient beaucoup d'eau et peu de sucre ; et son sucre, comme on dit, n'a pas de corps ; elle est haute comme la précédente.

3º La canne rubanée. L'écorce en est dure et présente dans sa longueur des bandes violettes et jaunes ; elle est généralement peu estimée.

Les rats font encore de grands ravages dans les plantations de cannes, mais moins en proportion que dans les plantations de cafiers, parce que l'écorce de ceux-là leur oppose une assez grande résistance. Il est des nègres qui ont pour les attraper un talent tout particulier, qui en font même leur métier ; les habitants leur donnent ordinairement un noir, c'est-à-dire un sou marqué, par chaque rat qu'ils leur apportent ; et, pour éviter toute supercherie, ils sont obligés de couper la queue des rats qu'on leur paie.

La récolte de la canne commence ordinairement en décembre et en janvier, et dure quatre à cinq mois. Avant d'indiquer la manière dont elle se fait, je vais donner une idée des divers appareils destinés à la fabrication du sucre.

Le premier qui s'offre à la vue dans une manufacture, c'est le moulin ; il est renfermé dans un bâtiment carré, ouvert d'un côté, et qu'on appelle le pavillon. Derrière ce bâtiment est une très-grande roue située verticalement, au-dessus de laquelle répond l'extrémité d'un canal destiné à conduire l'eau qui la doit mettre en mouvement. L'axe de cette roue traverse à angle droit le mur du pavillon et porte une autre roue plus petite, située aussi verticalement, garnie de dents, tournant dans le même sens, et qu'on appelle la lanterne. Au milieu du pavillon est une très-forte table à rebords, construite avec de forts madriers et d'énormes poteaux, et dont la surface est garnie de plomb. Sur cette table posent verticalement trois cylindres creux, de fer fondu, dont la surface convexe présente des aspérités, et dont le diamètre n'a guère plus de dix-huit pouces; ces cylindres sont terminés à leur base inférieure par des pivots et ont à peu près deux pieds et demi de hauteur; ils sont situés sur une ligne droite et presque en contact; celui du milieu est rempli par une très-forte pièce de bois, qu'on appelle grand rôle, qui s'élève jusqu'à la charpente du pavillon qui le retient. Les deux autres sont également remplis par deux pièces de bois appelées petits rôles, mais beaucoup moins hautes et engagées dans des trous circulaires, pratiqués dans un très-fort madrier situé horizontalement, et que traverse aussi le grand rôle. A quatre pouces au-dessus des cylindres, et sur les rôles, sont disposées circulairement des dents de fer ou de bois incorruptible, qui s'engrènent les unes dans les autres. Au-dessus de la table et des cylindres est une roue d'un très-long diamètre, posée horizontalement, fixée au grand rôle au moyen de huit rayons, appelée balancier; sa circonférence est armée de fortes dents qui s'engrènent dans celles de la lanterne. Ainsi, en lâchant les écluses, l'eau fait mouvoir la grande roue, et par conséquent la lanterne; celle-ci fait mouvoir le balancier et avec lui le grand rôle qui, à son tour, meut les deux petits rôles. On conçoit que les deux petits rôles mus par le grand, qui occupe le milieu, tournent en sens contraire; et c'est entre ces cylindres qu'on fait passer les cannes pour en exprimer le suc.

Tout auprès du pavillon est un autre bâtiment qu'on appelle sucrerie; c'est là qu'on fait évaporer le jus de la canne pour en extraire le sucre. On y voit quatre grandes chaudières disposées à la suite les unes des autres, et solidement maçonnées sur un vaste fourneau dont l'ouverture est en dehors du bâtiment. La première de ces chaudières, c'est-à-dire celle qui est le plus près du pavillon, se nomme la grande; la suivante la seconde; la troisième le sirop; enfin, on désigne la quatrième sous le nom de batterie. Pour bien saisir le travail de la fabrication du sucre, il est nécessaire de se rappeler ces différents noms.

Au-dessus de ces chaudières, et dans le toit même, est une ouverture pratiquée pour donner passage aux vapeurs aqueuses qui se dégagent en très-grande abondance du jus en ébullition. Ce bâtiment est fourni d'un plus ou moins grand nombre de formes et de pots de raffinerie. Une forme est un vase de terre ayant la figure d'un cône percé à son sommet. Un pot de raffinerie est encore un vase de terre, mais de figure cylindrique, et dont l'orifice est assez grand pour qu'on puisse y introduire le sommet des formes. En dehors, sur l'ouverture du fourneau, est un appentis pour garantir de l'ardeur du soleil les nègres chargés d'entretenir le feu quand le moulin marche.

Il est encore un autre bâtiment qu'on appelle purgerie; c'est dans son enceinte qu'on terre le sucre; on n'y voit que des formes et des pots, souvent un bac en pierre ou en bois, recouvert de planches percées de trous circulaires propres à recevoir des formes. Au bout de la purgerie est l'étuve; elle offre un fourneau qu'on allume par dehors, et une charpente étagée où l'on met le sucre terré pour le faire sécher.

Enfin la rhummerie, où l'on fabrique le rhum, n'offre que des tonneaux de diverses capacités.

Un canal en pierre, occupant le milieu, le traverse dans toute sa longueur. A l'une des extrémités, et en dehors du bâtiment, est une vaste cucurbite surmontée d'un chapiteau et sous laquelle est un fourneau. Au chapiteau s'ajuste un très-gros serpentin qui plonge dans un bassin en pierre où l'on fait arriver l'eau à volonté, et par le fond duquel paraît l'extrémité inférieure du serpentin.

D'après ces détails, on concevra facilement tout ce que je vais dire sur la fabrication du sucre. Comme la canne, une fois coupée, ne se garde pas, que la fermentation la fait surir, tout doit marcher à la fois. Quand donc les divers appareils sont en bon état, et que d'ailleurs le temps est arrivé, on distribue aux esclaves des coutelas; le lendemain, dès la pointe du jour, nègres, négresses, bœufs, mulets, tout est en campagne. On allume le fourneau de la sucrerie; on entretient un grand feu avec des bagasses (je dirai plus loin ce qu'on appelle ainsi); on se transporte à la pièce qu'on va couper. Chacun a son rôle; les uns coupent les cannes; les autres les dépouillent de leurs feuilles, qui servent pour le fourrage des bestiaux ou pour couvrir les cases des nègres. Ceux-ci en coupent le sommet d'un pied de longueur, et le mettent à part pour former un nouveau plant;

ceux-là coupent les cannes par bouts qu'ils mettent en tas. Ici des nègres chargent les mulets et les charrettes qu'ils dirigent ensuite vers la manufacture et qu'ils déchargent devant le pavillon. Là des négresses font des paquets de feuilles qu'elles apportent sur leur tête à l'habitation. On lâche l'eau sur la grande roue, tout le moulin est en jeu. Des négresses, placées devant la table du moulin, font passer les cannes entre deux cylindres; d'autres, placées derrière, les reçoivent et les font repasser entre deux autres cylindres. La canne, alors tout écrasée, ne contient plus de suc et prend le nom de bagasse; on la porte dans un vaste bâtiment nommé case à bagasse, où, pendant un an, elle se dessèche pour servir, l'année d'après, à chauffer le fourneau. Le jus inonde la table, qui se décharge dans un bac voisin; de ce bac, au moyen d'une gouttière ou d'un canal, le jus se rend dans la grande, sous le nom de vesou. Le vesou affecte différentes couleurs; il est ou grisâtre, ou jaunâtre, ou verdâtre, ou blanchâtre. Ces différences tiennent à la qualité du sol qui produit les cannes. Celles qui croissent sur des mornes et dans des lieux éventés donnent le premier; le second vient des cannes qui croissent dans les fonds; et celles enfin qui se développent dans des terres trop fortes, produisent les deux derniers, qui sont lès moins estimés parce qu'ils sont les moins riches en sucre.

C'est dans la grande qu'on anivre le vesou, c'est-à-dire qu'on y mêle de la chaux pour le clarifier, et il en exige plus ou moins, selon sa qualité. Ce sont les deux derniers qui en exigent le plus. L'effet de l'anivrage est de faire monter à la surface tous les corps hétérogènes et toutes les impuretés que le vesou pourrait contenir. On juge qu'il est assez anivré quand il pousse beaucoup d'écume, qu'il est clair, et même à la manière dont il bout.

De la grande, on transvase le vesou dans la seconde, à l'aide de cuillers qui sont, tout bonnement, des moitiés de petits barils emmanchés de perches. Souvent on est encore obligé de mêler de la chaux au vesou dans cette chaudière. On l'écume avec des pagayes ou palettes ; ce sont des bouts de planches fixés au bout de longs bâtons ; on rejette toujours les écumes d'une chaudière dans l'autre jusqu'à la grande, d'où on les retire pour les mettre dans un baril et les transporter à la rhummerie. Dans la troisième chaudière, le vesou prend le nom de sirop, parce qu'en effet il en a la consistance ; dans la quatrième, enfin, la cuisson s'en achève ; il a alors une consistance très-épaisse et prend le nom de colle ; et c'est de là qu'on l'ôte pour le mettre dans les formes, dont on a eu soin de boucher le trou avec de la paille de maïs ou de bananier, et on pose ces formes sur les pots. Le sucre se cristallise en se refroidissant; on débouche les formes, et le gros sirop, qui se dégage du sucre, tombe dans les pots. Ce gros sirop, ainsi que les écumes, sert à faire le rhum, et on en fait aussi un grand commerce avec les Américains, qui ne peuvent prendre que cette denrée en retour. On en fait une consommation considérable dans la colonie même, soit en limonade, soit en confitures, et il est peu de personnes qui ne le prennent avec plaisir, quand il est frais surtout. On laisse égoutter le sucre pendant quinze ou vingt jours, après lesquels on le peut mettre en barique. C'est le sucre brut; il n'est pas pur; il contient beaucoup de corps étrangers et surtout du gros sirop, dont on ne peut entièrement le dépouiller qu'en le terrant, et cette opération se fait dans la purgerie, où l'on transporte tout le sucre fabriqué.

Pour terrer le sucre, on enlève de dessus les formes une croûte de sucre très-dure, épaisse de deux pouces, et qu'on appelle fontaine. Ce sucre, qu'on n'exporte point, est excellent et se prend avec quelque efficacité, dit-on, dans les affections pulmonaires. On verse sur les formes, ainsi préparées, une bouillie faite avec de l'eau et une terre grise, appelée terre grasse, qu'on trouve dans plusieurs endroits de la colonie. Quand, par aventure, cette terre est trop grasse, on la dégraisse en la mêlant avec du tuf, et l'expérience toute seule indique dans quelle quantité on doit l'y faire entrer. Cinq ou six jours après, on enlève cette bouillie, qui est sèche alors, et on en verse encore qu'on fait un peu plus claire et qui n'y reste que trois jours. L'effet de cette bouillie est de blanchir le sucre. L'eau chargée des sels de la terre, en pénétrant le sucre, lui enlève le reste du gros sirop qu'il pourrait contenir, et le sirop est reçu ou dans les pots ou dans les bacs sur lesquels on pose les formes. Quand le sucre s'est bien égoutté pendant une quinzaine de jours dans la purgerie, on l'ôte des formes et on le met dans l'étuve. Quand enfin il est bien sec, on le met dans des barriques où on le bat bien avec des masses pour l'écraser et le réduire en poudre. C'est la cassonade blanche.

Sur le canal que j'ai dit occuper le milieu de la rhummerie, on dispose de grands barils ayant la forme de cônes tronqués et ouverts à leur plus petite base. On verse dans ces barils le gros sirop, les écumes et les lavures de la sucrerie. Ce mélange, qu'on appelle grappe, fermente pendant douze, quinze, vingt jours, quelquefois pendant un mois, selon que la température favorise plus ou moins cette opération de la nature. Quand la grappe a fermenté, elle est amère. Le temps est-il venu de faire le rhum, on débouche les barils, la grappe coule dans le canal et se rend dans la chaudière. On allume le fourneau, on fait venir l'eau dans le bassin, on met un pot ou un baquet sous l'extrémité inférieure du serpentin, et la distillation s'opère.

Le rhum au naturel, et tel que le commerce le propage, est blanc; on l'appelle tafia. On en éprouve la force au moyen de pèse-liqueurs; il doit avoir vingt-cinq ou vingt-six degrés.

Pour leur usage, la plupart des habitants préparent le rhum avec différents fruits, des ananas, des pruneaux, des bananes grillées, qu'ils y font infuser; ils lui donnent de la couleur avec du caramel.

Observations générales sur les végétaux.

A la Guadeloupe, comme dans toute la zone torride, les végétaux sont couverts de feuilles toute l'année, et l'aspect des campagnes au mois de janvier est le même qu'au mois de juin, tandis que, dans nos climats, l'automne vient dépouiller les plantes de leur ornement et les champs de leur verdure, et que pendant cinq mois la nature, plongée pour ainsi dire dans une inertie absolue, semble abandonner son empire aux fiers enfants du nord. Mais si, comme le colon, l'Européen n'a pas toujours sous les yeux la scène magnifique d'une riche et pompeuse végétation ; si celui-ci n'a pas, comme celui-là, l'avantage de pouvoir, en toute saison, orner sa table de beaux fruits fraîchement cueillis, ou de respirer le doux parfum des fleurs nouvellement écloses, qu'il en est bien dédommagé par la vivacité du plaisir qu'il éprouve au retour du printemps, quand aux neiges, aux glaces, aux frimas d'un hiver rigoureux, il voit succéder les beaux jours ! Quel charme produit sur les sens le réveil de la nature ! tout s'anime, tout renaît, les ruisseaux reprennent leur cours, les bois se couvrent d'un nouveau feuillage, les prairies reverdissent, les parterres s'émaillent de mille fleurs, les campagnes s'embellissent; l'habitant des zones tempérées goûte alors un bonheur inconnu au créole, parce que chez celui-ci l'habitude de jouir émousse le sentiment.

Les plantes, en général, sont plus garnies de

feuilles qu'en Europe. Dans presque toutes les espèces, les feuilles ont leur surface supérieure lisse et luisante. Cette propriété se remarque surtout sur les feuilles du cafier, du pois doux, du savonnier, du pommier de liane, de la canne à sucre, du sapotiller, du manguier, du cocotier, du palmiste, du dattier et d'une foule d'autres. Les fleurs ont moins de parfum, beaucoup même n'en ont point du tout, mais leurs couleurs sont beaucoup plus vives. Rien n'est beau comme les fleurs de la baraguette, de l'immortelle, du frangipanier, du balisier, de la quadrille (herbacée commune dans les environs de la Basse-Terre).

En s'élevant du rivage jusqu'au sommet des montagnes, on remarque une différence frappante dans le caractère des plantes et des fleurs ; en sorte qu'on est tout étonné de ne plus trouver sur le sommet des montagnes que des espèces tout à fait inconnues dans les basses régions. On se croit transporté dans un climat nouveau, et pourtant la différence de température n'est pas extraordinaire, comme je le ferai remarquer ailleurs.

Le vent d'est, vent régnant, fait prendre aux branches de certains végétaux la direction de l'est à l'ouest. Cet accident se remarque principalement sur le calebassier, et c'est un moyen très-commode de s'orienter dans certains cas.

Le sommeil des plantes est très-sensible sous ce ciel brûlant. Il semble que la nature, fatiguée de plus grands efforts, y marque mieux son repos que partout ailleurs. A peine le soleil a-t-il terminé sa carrière, qu'on voit les feuilles et même les plus faibles rameaux s'incliner doucement, les folioles se rapprocher jusqu'à ce qu'au retour du matin les premiers rayons de l'astre du jour viennent en ranimer les ressorts et leur rendre leur première énergie.

La végétation est si active, qu'on est souvent obligé d'en ralentir les progrès dans les espèces à fruits. Pour cet effet, on pratique des entailles sur l'écorce, et, chose qui m'a singulièrement étonné, j'ai vu un manguier auquel on avait enlevé un anneau d'écorce sans qu'il ait rien perdu de sa vigueur. Ce qui ferait croire, malgré les nombreuses expériences qu'on a faites à cet égard, que ce ne serait point à l'écorce toute seule que la plante devrait son développement, et que l'élaboration et la distribution de la sève se feraient aussi bien dans les couches ligneuses, au moins dans les plus jeunes et les plus tendres, que dans les couches corticoles.

Les arbres ne sont pas aussi sujets aux maladies que dans nos climats. On n'y voit point, ou que très-rarement, ces chancres, ces déviations de séve qui défigurent presque toujours les nôtres.

Il est bien peu d'arbres dans les bois qui ne soient plus ou moins chargés de plantes parasites de diverses espèces. Les nègres appellent grands mouchés (grands messieurs) ces parasites, qui vivent aux dépens des plantes sur lesquelles elles se développent.

Esclaves.

Au nom d'esclave, quiconque éprouve le noble sentiment de la liberté, ne peut s'empêcher de frémir. On se demande s'il est bien possible qu'il existe des hommes assez pervers pour oser ravir à leurs semblables ce que la nature leur donna de plus précieux, ou des êtres assez lâches pour ne pas chercher à reconquérir, au prix de leur vie même, un bien qui n'appartient qu'à eux? Cependant, à la honte de l'humanité, c'est l'affreux tableau qu'offrent les Antilles.

Des milliers de noirs, qu'au mépris des plus

sages lois on va chercher encore tous les jours sur les côtes de l'Afrique', coulent tristement leurs jours sous la cruelle tyrannie d'une poignée de mauvais blancs. C'est au travail opiniâtre de cette classe infortunée que l'orgueilleux créole doit toutes ses richesses ; c'est pour nourrir la molle oisiveté de leurs barbares et farouches oppresseurs que ces malheureux arrosent le sol qu'ils cultivent de leur sueur et de leur sang !

Interrogez ces tristes victimes de l'avarice, demandez-leur ce qu'elles faisaient dans le pays qui les vit naître, quand des tigres, sous la figure humaine, allèrent les en arracher ! celui-ci vous dira : j'étais à la chasse ; celui-là, j'étais à la pêche ; cette femme vous répondra, en soupirant et en versant des larmes, qu'elle cultivait le petit champ qui nourrissait sa famille ; cette jeune fille, qu'elle puisait de l'eau dans une fontaine voisine ; ces jeunes enfants vous répondront qu'ils folâtraient gaiement non loin du toit paternel. Ainsi l'on enlève impitoyablement l'époux à l'épouse, la fille à la mère, la mère éplorée à de tendres enfants qui lui tendent les bras et cherchent à la retenir par leurs cris ! O nature, où sont donc tes droits ! Ne faut-il pas avoir l'âme bien féroce pour se porter à de telles infamies ! Et c'est sous la loi de grâce que l'homme ne rougit pas de commettre de si abominables excès ! Et ils se disent chrétiens, ces hommes si profondément cruels !

Je me rappelle quelques vers qui peignent bien l'horreur du sort des noirs, en même temps qu'ils respirent des sentiments bien tendres et bien touchants. C'est à la divinité, c'est au Souverain des êtres qu'ils s'adressent dans leurs malheurs, parce qu'ils voient en lui un vengeur. Voici ces vers ; j'ai, malheureusement, oublié le nom de l'auteur.

THE NEGRO'S HYMN.

« O thou! who dost with equal eye
All human kind survey,
And mad'st all nations of the earth
From the same mass of clay, »

« If pity in thy nature dwell,
Behold our race forlorn;
Behold us from our native soil,
From wives, from children torn. »

« Chain'd in the ship's dark scanty womb,
Behold us pant for breath,
Envying those friends whapper far,
Exchange their bounds for death. »

« Behold us in the sun's fierce blaze,
Struggling with toil and pain!
Behold us sink beneath the lash,
Expiring on the plain! »

« And who are they that dare torment
The produce of thy hand,
And with their brethren's blood like Cain,
Pollute both sea and land? »

« Ah! 'tis a race that falsely boast
Salvation through his name,
Who taught, what ye wish men to do,
Do ye to them the same. »

« Yet vengeance is not our request;
We wish but liberty;
And light sufficiens to explore
The way that leads to thee. »

« If these in mercy thou bestow,
O! may thy bounty move
Our hearts, our minds, our souls to glow
with gratitude and love! »

A quel désespoir affreux la révoltante idée de l'esclavage ne réduit-elle pas ces malheureux! combien n'en a-t-on pas vu se donner la mort pour échapper aux chaînes de leurs tyrans! Le récit de ces scènes tragiques glace d'horreur, en même temps qu'il inspire une haine secrète contre leurs superbes et injustes persécuteurs. M. de Monpertuis, habitant de la Grande-Terre, avait acheté six nègres de nation mine. Ces nègres disparaissent un matin ; on les cherche ; on les trouve enfin dans un bois, mais nageant dans leur sang, ayant auprès d'eux une hache et un couteau ; cinq de ces nègres avaient la tête tranchée, un la gorge coupée. Il est à présumer que ce dernier avait survécu aux autres et s'était lui-même donné la mort. Félicianne, négresse africaine appartenant à M. Parize fils, ne pouvant supporter l'idée de sa dure et pénible condition, descend jusqu'au pont des Gallions et de là se précipite, avec le plus grand sang-froid, dans la rivière, qui roule sur un lit de roches à plus de deux cents pieds au-dessous de ce pont ! Et tous les jours, les blancs qui vont dans les bois à la poursuite des noirs fugitifs, ne les voient-ils pas se détruire plutôt que de se laisser ramener à la maison de leurs maîtres. Voilà des fruits de l'esclavage ; nous en verrons d'autres encore.

Quand, à l'époque trop mémorable de notre révolution, on donna la liberté aux noirs de la Guadeloupe, ils commirent, dans l'ivresse de leur bonheur, de nombreuses atrocités, et la renommée, qui grossit tout, on fit des monstres. Sans doute, la crainte de perdre encore le bien précieux qu'ils venaient de conquérir les aveugla et les jeta dans l'erreur. Ils pouvaient défendre leur liberté sans devenir assassins. Mais sont-ils bien aussi coupables qu'ils semblent l'être ? On en pourra juger. D'abord, on faisait entendre à ces êtres simples et abrutis, pour ainsi dire, par l'excès de leurs malheurs, qu'ils ne pouvaient s'assurer la jouissance paisible et entière de leur liberté qu'en lavant la honte de leur esclavage dans le sang de leurs anciens maîtres. Mais que serait-ce si ces infortunés n'avaient été excités, entraînés au meurtre que par des blancs et des blancs revêtus de l'autorité ? c'est pourtant ce qui arriva, et c'est ce qu'on a eu soin de cacher au gouvernement de la France, et on rejeta calomnieusement l'odieux de ces forfaits sur ceux qui ne furent réellement que les instruments dont se servirent, pour l'exécution, ces mêmes blancs qui les conçurent.

Le quartier des Trois-Rivières est le lieu où les assassinats furent le plus nombreux. La raison en est simple : c'était le quartier le plus riche, et les brigands qui commandaient les noirs étaient encore moins altérés de sang qu'ils n'étaient avides d'or et de richesses. Si les maisons de Gondrecourt, de Vermont, Roussel et autres n'eussent point eu la réputation de regorger d'argent, le sang n'aurait pas plus coulé là que partout ailleurs.

Au reste, malgré la précaution qu'ils eurent de se masquer et de faire égorger ou empoisonner, dans le fort Saint-Charles de la Basse-Terre, les malheureux noirs dont ils s'étaient servis, les auteurs de ces scènes sanglantes furent reconnus, et la mémoire des A..., des T. P........ et de beaucoup d'autres, sera toujours en exécration parmi les habitants.

Ce qu'il y a d'étonnant, c'est que depuis que la tranquillité est rétablie et surtout depuis le retour des Bourbons sur leur trône, les gouverneurs n'aient pas cherché à venger les noirs de cette atroce imputation, en sévissant contre les véritables coupables qu'on leur a fait connaître. Il y a quelque chose de plus surprenant encore, c'est qu'excepté un seul, au doigt duquel on avait reconnu une bague de Mme de Vermont et qui, peu de temps après le massacre, s'était retiré en France, tous ou presque tous jouirent dans la suite, ou jouissent encore des charges et des honneurs ! *Sic se res humanæ habent !*

Pour pallier leur conduite à l'égard des noirs, les habitants ne cessent de répéter des absurdités. A les entendre, ces hommes s'égorgent dans leur pays ; ils sont errants, fugitifs, sans patrie. Ceux des côtes font une guerre opiniâtre à ceux de l'intérieur. C'est leur rendre un service que de les soustraire à ces calamités toujours renaissantes et à un genre de vie qui semble les assimiler aux bêtes. Leur sort dans les colonies est d'ailleurs beaucoup moins à plaindre que celui des paysans en France. D'abord, on pourra juger de la comparaison par ce qui va suivre. Quant à la première assertion, rien de plus faux. On voit des peuplades, comme les nations de l'Europe, se faire la guerre pour de certaines raisons, et, quoiqu'elles soient moins nombreuses, on ne niera pas, sans doute, qu'elles ne puissent avoir, comme ces dernières, des droits à soutenir, des injustices à venger, des intérêts à défendre, et, dès lors la guerre peut être légitime et nécessaire chez eux aussi bien que chez les nations qu'on dit civilisées. Mais il est absolument faux que les citoyens d'une même peuplade soient, comme on voudrait le faire croire, en révolution continuelle et toujours prêts à se baigner dans le sang les uns des autres. Il est vrai que les noirs qui habitent les côtes vont, sans motif raisonnable et par une injustice horrible, troubler le repos des peuplades de l'intérieur, les enlever à leur sol natal et à tout ce qu'ils ont de plus cher, leur faire enfin une guerre de brigands; mais oseriez-vous, riches colons, leur en faire un crime? commettraient-ils ces excès si vous n'alliez pas leur acheter, à vil prix, leurs prisonniers? N'est-ce pas pour avoir vos fusils, vos couteaux, votre eau-de-vie, vos guingans, etc., qu'ils vont chez leurs voisins porter la terreur et la désolation? Cessez donc de nous représenter les noirs pour ce qu'ils ne sont pas, et de nous en faire des monstres quand ils le sont moins que vous.

Mais fussent-ils ce que vous les dites être, serait-ce une raison pour les jeter dans les fers? Qui vous a faits leurs maîtres? quels droits avez-vous sur eux? où sont vos titres? Vous êtes blancs et ils sont noirs; la seule différence de couleur, effet du climat, des mœurs et de la nourriture, vous donnerait-elle le droit de les tyranniser? Non. Quoi qu'en puisse dire votre orgueil, la nature leur donna les mêmes prérogatives qu'à vous; elle les créa libres comme vous. Attenter à leur liberté, c'est faire à la Divinité le plus grand outrage, c'est s'élever audacieusement contre la sagesse de ses œuvres! Tremblez, ils ont au ciel un redoutable vengeur qui vous redemandera, un jour, leurs larmes, leurs sueurs et leur sang !

Pendant mon séjour à la Guadeloupe, il m'est tombé entre les mains une pièce très-peu connue, et qui pourtant mérite de l'être. Je la copie ici pour terminer ce chapitre. C'est le manifeste que publia le mulâtre Delgresse, commandant de la Basse-Terre, lorsque le général Richepance vint pour remettre les noirs sous le joug; ce célèbre Delgresse qui, plutôt que de rentrer dans l'esclavage, aima mieux se faire sauter, avec quelques amis, dans son camp du Matouba, par l'explosion d'un baril de poudre.

A L'UNIVERS ENTIER,

LE DERNIER CRI DE L'INNOCENCE ET DU DÉSESPOIR.

« C'est dans les plus beaux jours d'un siècle à jamais célèbre par le triomphe des lumières et de la philosophie, qu'une classe d'infortunés, qu'on veut anéantir, se voit obligée d'élever la voix vers la postérité pour lui faire connaître, lorsqu'elle aura disparu, son innocence et ses malheurs.

« Victimes de quelques individus, altérés de

sang et qui ont osé tromper le gouvernement français, une foule de citoyens, toujours fidèles à la patrie, se voient enveloppés dans une proscription méditée par l'auteur de tous les maux.

« Le général Richepance, dont nous ne connaissons pas l'étendue des pouvoirs, puisqu'il ne s'annonce que comme général d'armée, ne nous a encore fait connaître son arrivée que par une proclamation dont toutes les expressions sont si bien mesurées que, lors même qu'il promet protection, il pourrait nous donner la mort sans s'écarter des termes dont il se sert ; à ce style, nous avons reconnu l'influence du contre-amiral Lacrosse, qui nous a juré une haine éternelle.... Oui, nous aimons à croire que le général a été, lui aussi, trompé par cet homme perfide, qui sait employer également les poignards et la calomnie.

« Quels sont donc ces coups d'autorité dont on nous menace ? veut-on diriger contre nous les baïonnettes de ces braves militaires dont nous aimions à calculer le moment de l'arrivée, et qui naguère ne les dirigeaient que contre les ennemis de la république ? Ah ! plutôt, si nous en croyons *les coups d'autorité* déjà frappés au port de la Liberté (nom donné par Hugue à la Pointe-à-Pitre), le système d'une mort lente dans les cachots continue à être suivi ; eh bien ! nous choisissons de mourir plus promptement.

« Osons le dire, les maximes de la tyrannie la plus atroce sont surpassées aujourd'hui. Nos anciens tyrans permettaient à un maître d'affranchir son esclave, et tout nous annonce que, dans le siècle de la philosophie, il existe des hommes, malheureusement trop puissants par leur éloignement de l'autorité dont ils émanent, qui ne veulent d'hommes noirs, ou tirant leur origine de cette couleur, que dans les fers de l'esclavage.

« Et vous, premier consul de la république, vous guerrier philosophe, de qui nous attendions la justice qui nous était due, pourquoi faut-il que nous ayons à déplorer notre éloignement du foyer d'où partent les conceptions sublimes que vous nous avez si souvent fait admirer ! Ah ! sans doute, un jour vous connaîtrez notre innocence, mais il ne sera plus temps, et des pervers auront déjà profité des calomnies qu'ils ont prodiguées contre nous pour consommer notre ruine.

« Citoyens de la Guadeloupe, vous dont la différence de l'épiderme est un titre suffisant pour ne point craindre les vengeances dont on nous menace, à moins qu'on ne veuille vous faire un crime de n'avoir pas dirigé vos armes contre nous, vous avez entendu les motifs qui ont excité notre indignation. La résistance à l'oppression est un droit naturel; la Divinité même ne peut être offensée que nous discutions notre cause; elle est celle de la justice et de l'humanité. Nous ne la souillerons pas par l'ombre même du crime; oui, nous sommes résolus à nous tenir sur une juste défensive, mais nous ne deviendrons jamais les agresseurs; pour vous, restez dans vos foyers, ne craignez rien de notre part, nous jurons solennellement de respecter vos femmes, vos enfants, vos propriétés, et d'employer tous nos moyens pour les faire respecter par tous.

« Et toi, postérité, accorde une larme à nos malheurs, et nous mourrons satisfaits !

« Le commandant provisoire de la Basse-Terre,

« DELGRESSE. »

M. Monnereau, blanc, secrétaire du commandant, fut pendu comme auteur de cette pièce, jugée incendiaire.

Encan de Noirs.

Le moyen le plus prompt pour arriver à la fortune, dans les colonies, c'est l'abominable trafic des noirs, et les négociants en état d'armer des négriers (nom qu'on donne aux navires qu'on envoie faire la traite) manquent rarement de gagner cent ou deux cents pour cent; ils ont, il est vrai, quelques mauvaises chances à courir, parce que les Anglais, qui protégent ou semblent protéger la liberté des Africains, leur font la guerre et saisissent également navire et cargaison, quand ils le peuvent; mais ces sortes d'aventures sont très-rares, et sur vingt négriers il n'y en a souvent pas un de pris. Comment en effet ne se sauveraient-ils pas sur la plaine immense de l'Océan? Ce serait sur les côtes d'Afrique et dans l'Archipel qu'il faudrait veiller, si l'on avait l'intention bien prononcée d'empêcher ce brigandage; ce serait dans les colonies elles-mêmes qu'il faudrait porter les premiers coups, en sévissant contre quiconque serait convaincu d'avoir introduit des nègres nouveaux, et c'est ce qu'on ne fait pas; on tolère, au contraire, cet infâme commerce, et les gens en autorité sont souvent les premiers à en aller acheter. Pourvu que les négriers ne viennent point mouiller dans les rades de la Basse-Terre et de la Pointe-à-Pitre, ils peuvent aborder partout où bon leur semble; à la Guadeloupe proprement dite, c'est à la baie de la Grande-Anse, dans le quartier des Trois-Rivières et le Baillif, qu'ils affluent; c'est dans ces deux endroits principalement qu'on vend à l'encan ces êtres intéressants et malheureux. Voici un modèle des circulaires dont on a soin d'inonder la colonie quelques jours avant l'encan :

« A M. Sor.., habitant propriétaire à Saint-Robert.

« *Basse-Terre*, *le* 12 *décembre* 1821.

« Monsieur,

« Nous avons l'honneur de vous prévenir que, samedi prochain, 16 du courant, il sera vendu aux Trois-Rivières deux cent treize *mulets de race*, tous en bon état; on traitera de gré à gré. Veuillez avoir la bonté de faire circuler cette nouvelle dans votre voisinage. »

On ne signe pas ordinairement ces sortes de circulaires; ce n'est point qu'on ne pût le faire impunément, mais ce n'est pas l'usage.

Ces *mulets de race* sont des noirs; ce sont des

hommes beaucoup plus humains, sans doute, que ceux qui les vendent, auxquels on ose donner cette dénomination humiliante ; au reste, qu'on ne s'en étonne pas, et nous aurons occasion de faire remarquer qu'un mulet, aux yeux des créoles, est un être plus précieux qu'un nègre, et qu'ils sacrifieraient, sans scrupule, celui-ci à celui-là.

Donnons donc une idée de ce barbare encan. Le jour indiqué, on voit arriver de toutes parts les habitants ; ils sont reçus dans une maison où l'on a eu soin de faire préparer un somptueux déjeuner ; rien n'est épargné pour les mettre en bonne humeur, mets délicieux, vins et liqueurs de toute espèce, Médoc, Alicante, Madère, etc., etc. ; qu'on sait bien les prendre par leur endroit faible ! On mange, on boit, on se divertit, tandis que les déplorables victimes, entassées sous un hangar, dévorent un petit morceau de morue salée, autant qu'il leur en faut seulement pour ne pas tomber d'inanition.

Ces messieurs ont-ils l'estomac bien fourni et la tête, surtout, bien échauffée par la fumée du vin, on procède à la vente, on va faire son choix, on examine depuis les pieds jusqu'à la tête, on essaie, pour ainsi dire, ces infortunés, comme on essaie, dans nos foires, les chevaux et les bœufs. Tous portent un écriteau qui indique ordinairement leur nation et le prix qu'on les veut vendre. Ce prix varie de deux à quatre mille livres coloniales au change de cent quatre-vingt-cinq. Ceux qui ne se vendent pas de gré à gré, sont mis à l'encan. On les fait monter sur une table deux à deux, et on les livre au plus offrant. Quiconque veut acheter des nègres, est obligé de faire apporter de quoi les couvrir, car on les apporte nus d'Afrique et on les livre de même.

J'étais monté aux Trois-Rivières, chez un de mes amis, dans le dessein d'assister à ce triste spectacle; je ne pus jamais prendre sur moi de me transporter sur le lieu, je redoutais l'effet qu'il n'eût pas manqué de produire sur mon cœur; et d'ailleurs, je craignais de laisser échapper, malgré moi, quelque signe d'improbation qui eût pu avoir des suites fâcheuses.

Caractère et mœurs des esclaves.

Pour bien connaître le caractère des noirs, il faudrait aller l'étudier chez eux. L'esclavage le dénature, le change entièrement; on ne peut donc avoir, dans les colonies, que des idées très-fausses à cet égard. On juge du caractère de l'esclave et non de celui de l'homme noir.

Il n'est aucun habitant qui ne préfère un nègre arrivant d'Afrique à un nègre créole ; pourquoi ? parce que ce nègre nouveau est doux, soumis, complaisant, sans défaut marquant ; c'est donc dans la colonie même que le nègre contracte les vices qu'on lui connait. De son naturel, il n'est donc point méchant, et s'il le devient chez vous, messieurs les colons, ce ne peut être que l'effet de la tyrannie sous laquelle vous le faites vivre. C'est donc le caractère de l'esclave qu'il faut peindre ici. Eh bien ! l'esclave est insouciant, dissimulé, voleur, voluptueux, vindicatif. Insouciant parce qu'il ne retire aucun fruit de ses peines et de ses fatigues ; dissimulé parce qu'il craint et hait ses oppresseurs ; voleur parce qu'il n'a point le nécessaire ; voluptueux parce qu'on lui impose la nécessité de l'être, en spéculant sur le fruit de son libertinage ; vindicatif parce que, injustement opprimé, il tend toujours à recouvrer ses droits.

On croirait peut-être que le créole cherche à adoucir le sort de ses esclaves, en leur donnant ou leur faisant donner quelque instruction religieuse ; on se tromperait. On les fait baptiser parce qu'il leur faut donner un nom ; on leur fait apprendre une courte prière qu'ils récitent ensemble, soir et matin, devant la porte de leurs maîtres, et voilà tout. On ne veut même pas qu'ils se marient. Le respectable père Benoist, curé du quartier des Trois-Rivières, par les exhortations paternelles qu'il faisait aux esclaves de sa paroisse, était parvenu à inspirer des sentiments de religion à un grand nombre d'entre eux. On les voyait quitter le libertinage, et s'approcher des sacrements. Les maîtres murmuraient contre le curé, apparemment parce que la population se ralentissait, en même temps que le libertinage diminuait. « Mes négresses ne me donnent plus de négrillons, » me disait un jour un habitant de ce quartier. — Monsieur, c'est qu'elles mettent à profit les instructions du pasteur, c'est qu'elles deviennent sages. — Quelle sagesse, s'écria-t-il, qu'une sagesse qui tend à me ruiner ! » Si l'esclave est libertin, on peut donc assurer que ce n'est pas tout à fait sa faute.

L'ignorance profonde dans laquelle on les laisse vivre, l'exemple, très-souvent scandaleux, de leurs maîtres, qui n'ont guère plus de moralité qu'eux, les sottes erreurs dont on les berce, doivent, sans doute, faire excuser leurs défauts. On établit entre eux et les blancs une distance infinie ; le blanc, leur dit-on, a été créé pour jouir, et le nègre pour servir ; ou, en patois : Bon Dieu té créé blancs, diable-là té caca nègres.

On les assimile aux bêtes de charge, on les dégrade, on se garde bien de les faire instruire ; on craindrait qu'ils ne sentissent les absurdités qu'on veut leur faire passer pour des vérités ; précaution inutile, la nature leur répète sans cesse qu'ils furent pétris du même limon que les blancs, et qu'ils reçurent des mains du Créateur les mêmes prérogatives. Mais comment ces innocentes victimes connaîtraient-elles leurs devoirs ? leur parle-t-on jamais de religion ? leur donne-t-on la moindre notion sur la sainte moralité de l'Évangile ? et quelle confiance pourraient leur inspirer ces docteurs, dont les premières leçons sont si évidemment contraires aux documents de la pure et simple nature ? On n'oppose aucun frein légitime à leurs désordres, et l'on s'étonne que ces gens s'égarent quelquefois ! S'ils croient en un Dieu créateur, c'est moins parce qu'ils en ont ouï parler à leurs maîtres, que parce qu'ils lisent son existence dans le grand livre de la nature. Où puiseraient-ils donc des maximes de moralité ? dans la conduite de leurs maîtres ? ah ! c'est précisément parce qu'ils les imitent qu'ils s'égarent.

Les esclaves sont superstitieux à l'extrême. L'existence des revenants, qu'ils appellent *zombis*, n'est rien moins que douteuse à leurs yeux. Ils s'imaginent que, le soir du jour de la Toussaint, les âmes des morts reviennent visiter les lieux qu'elles ont connus sur la terre ; ils croient aussi qu'il existe certains nègres sorciers qui ont la faculté de se dépouiller de leur peau, de paraître en feu, de voyager ainsi dans les airs ; ils les appellent *soucougnans*. Ils attachent de funestes idées à certains événements qui leur semblent extraordinaires, ou qu'ils jugent n'être pas dans l'ordre. Qu'une poule, par exemple, chante comme un coq, c'est, selon eux, un présage de malheur ; rêver à l'eau est un signe de mort, etc, etc ; beaucoup croient même qu'en mourant, ils retournent dans leur pays. On en voit qui se donnent la mort dans cette persuasion. M. Ricors avait un nègre de nation *bouriquis*, qui se pendit dans le dessein d'aller revoir sa famille ; il avait fait un paquet de ce qui lui appartenait et l'avait accroché près de lui au même arbre. Au reste, les trois quarts des blancs partagent la plupart des préjugés des esclaves.

J'avais remarqué que beaucoup de nègres avaient un fer à cheval à la porte de leur case, j'en demandai la raison à l'un d'eux. Après avoir affecté du mystère pendant quelques instants, il m'avoua confidentiellement que c'était pour écarter les sorciers et les empoisonneurs, et afin que le diable n'entrât point chez eux.

Renverser son coui, brûler de la paille de bananier ou des cosses de pois d'angole , rêver des œufs, des patates, des ignames, sont autant de fâcheux présages.

On voit quelquefois parmi les nègres nouveaux, mais très-rarement, des anthropophages ; M. Marie Michaux en a eu un qui a failli manger un de ses enfants. Il y a quelques années, il disparut, sur une habitation de la Grande-Terre , quelques négrillons : on supposa qu'ils avaient été mangés par un nègre qu'on soupçonnait d'être anthropophage. On ne cite que quelques exemples de cette nature , épars dans un vaste espace de temps. Au reste , les autres nègres les abhorrent, les craignent et les fuient.

Chaque année, le jour de la Toussaint, ils font à leurs parents et à leurs amis défunts des honneurs qui ont quelque chose de bien attendrissant. Ils élèvent, dans le cimetière, une chapelle de feuillage. Au milieu de cette chapelle est un catafalque entouré de cierges ; devant la porte est une croix ornée de petites bougies. Immédiatement après les vêpres, ils se dirigent en silence vers le séjour des morts. Chacun va former un berceau de verdure sur la tombe de celui qu'il aima ; il l'arrose de rhum, il y plante un cierge. Ensuite, tous se rassemblent à la chapelle, chantent des prières et des cantiques analogues à cette pieuse et triste cérémonie. Le soir arrive, on allume tous les flambeaux ; le chant redouble, l'air en retentit au loin. On les voit aller de la chapelle se prosterner sur la tombe, y prier, y verser des larmes, puis retourner mêler leurs voix au concert général. Vers neuf heures, les feux s'éteignent et chacun se retire tristement.

Quelque chose de plus que la curiosité m'attirait tous les ans à cette cérémonie. J'aimais à voir les nègres payer ces tributs d'hommages et de respect à la cendre des morts. Je me retirais dans un coin, d'où rien ne pouvait m'échapper, et je me laissais aller doucement aux méditations religieuses et mélancoliques que semblait commander cette scène lugubre.

Les nègres d'Afrique conservent dans les colonies une partie des usages de leur pays. J'ai vu le convoi d'un nègre *ibos* qui m'a semblé d'une bizarrerie bien étrange.

Ce nègre était cuisinier chez son maître. Tous ses compatriotes suivaient tristement le corps. L'un portait une marmite, l'autre un canari ; celui-ci tenait à la main un long couteau, celui-là avait devant lui un tablier tout plein de sang ; chacun portait enfin quelque ustensile de cuisine. Au milieu de la foule était un vieux nègre qui menait lentement un jeune cabri, et semblait commander à tous les autres ; c'était vraisemblablement le maître de cérémonies.

Le cortége arrive à la porte de l'église. Le curé, qui était là pour recevoir le corps (car il n'accompagne dans les rues que le corps des blancs), le curé, dis-je, interdit, bien entendu, l'entrée du temple à cette sorte de mascarade. Tous attendent que la cérémonie religieuse soit finie, puis se dirigent, dans le même ordre, vers le cimetière. Ils déposent le corps dans la tombe en récitant quelques prières, l'arrosent du sang du cabri qu'ils égorgent tout auprès, et dont ils mettent la tête sur le cercueil. Après avoir comblé la fosse, ils récitent encore des prières et se retirent en silence.

Leurs danses, appelées *bamboula*, sont des pantomimes très-expressives. Les nègres du Congo brillent principalement dans ce genre d'exercice. C'est presque toujours quelque intrigue amoureuse qu'elles semblent représenter, en sorte qu'elles ont je ne sais quoi de naturel qui ne déplaît pas.

Les mouvements sont plus étudiés chez le nègre créole, et ne peignent pas aussi bien le sentiment que chez les premiers. C'est au son de longs tambours que ces danses s'exécutent. Ces tambours se nomment *bamboula*, et il est à présumer que, originairement, ils étaient faits avec de gros bambous. Tandis que les uns dansent, les autres agitent, en cadence, de petites calebasses à moitié remplies de graines et ornées de rubans de diverses couleurs qu'ils appellent *quaqua*.

Ces danses ont lieu tous les dimanches au soir, dans la campagne, sur les habitations ; à la Basse-Terre, sur le champ de Mars ou champ d'Arbault. C'est un plaisir qu'ordinairement on ne leur interdit point.

J'ai dit que les esclaves sont vindicatifs ; il est bon de faire remarquer ici qu'ils ne le sont qu'à l'égard des blancs, funeste et terrible effet de l'esclavage.

Leur arme ordinaire, c'est le poison. Il est assez rare qu'ils empoisonnent leurs maîtres ; mais c'est sur leurs enfants, sur leurs autres esclaves, sur les négrillons, sur les bestiaux qu'ils exercent cette arme redoutable. Voici comme ils raisonnent : Plongeons dans le deuil nos fiers tyrans ; ruinons-les, ou plutôt réduisons-les à n'avoir que le nécessaire ; leur intérêt, lié à notre conservation, les portera à prendre à notre égard des mesures plus douces et plus humaines; ils perdront de leur férocité ; ils ne se feront plus un plaisir barbare ou de nous faire expirer sous leurs coups, ou de nous faire traîner, dans le fond de leurs noirs cachots, une vie mille fois plus affreuse que la mort.

Effectivement, c'est sur les grandes habitations, c'est chez les riches que le poison fait le plus de ravages, et ses effets décroissent avec leurs moyens.

Les empoisonneurs forment une société dont les membres sont répandus sur tous les points de la colonie et se correspondent. J'ai recueilli, à cet égard, des renseignements que je crois d'autant plus certains qu'ils m'ont été donnés par une personne digne de foi.

Ils sont liés par d'horribles serments ; ils ont un

chef qui est l'âme de tous leurs complots, qui dirige leurs mouvements et qui seul peut recevoir de nouveaux frères.

Les cérémonies de la réception font horreur, elles ne se font que pendant la nuit. On introduit l'adepte dans une salle qui n'est éclairée que par la faible lueur d'une petite lampe; on lui couvre la tête d'un voile noir, on le soumet à des épreuves épouvantables; *s'il est ferme*, s'il ne donne aucun signe d'émotion ou de crainte, on le trouve *bon*, il est reçu frère. On lui fait boire alors du bouillon de *petit-pied*, bouillon qu'ils font avec de la chair, des os et le cœur des blancs qu'ils vont exhumer pendant la nuit; ensuite, on lui donne une fiole de rhum préparé, avec l'ordre d'empoisonner tel ou tel nègre sous un temps déterminé. S'il exécute fidèlement cet ordre, on lui enseigne l'art perfide de mixtionner lui-même les poisons.

Ils empoisonnent ordinairement les hommes avec un mélange de *vert-de-gris* (oxyde de cuivre), ou de suc de mancenillier, ou de racines de pommes de rose, ou encore de racines de citronnier avec du rhum; les bestiaux, avec des *frégates* réduites en poudre, qu'ils répandent dans les savanes ou mêlent avec les écumes du sucre qu'on leur donne à boire.

Voilà où l'esclavage conduit ces hommes, à croire que, pour se débarrasser d'un joug odieux et pénible, tout moyen est légitime.

Très-souvent les esclaves qui craignent quelque châtiment s'enfuient de la maison de leurs maîtres et se retirent dans les bois; on les appelle alors marrons. Ces nègres fugitifs forment des camps, c'est-à-dire qu'ils s'établissent dans des lieux presque inaccessibles, sur le sommet d'un rocher escarpé, dans des cavernes dont l'entrée se trouve au milieu d'un escarpement, sur un plateau de difficile accès, ils vivent là des rapines qu'ils vont commettre pendant la nuit, ainsi que de la chasse et de la pêche qu'ils vont faire le jour dans les bois et dans les rivières.

Quand ils savent que leurs camps sont connus des blancs, ils vont se fixer ailleurs. Quoiqu'on ait soin de faire des patrouilles pour les arrêter, on ne peut parvenir à empêcher le marronage, parce qu'infiniment plus lestes que les blancs, ils savent leur donner le change et pénètrent facilement dans des endroits qu'un blanc ne peut voir sans frissonner; franchir un torrent, courir sur les pointes des rochers, gravir des falaises, glisser dans des précipices, sauter d'un arbre à l'autre, ne sont que des jeux pour un nègre marron, et quel blanc pourrait le suivre ? On ne peut donc les prendre que par surprise, ou quand ils viennent voler, la nuit, sur les habitations ; encore est-il assez difficile de les saisir dans le dernier cas, parce qu'ordinairement ils sont nus et frottés d'huile. Au reste, ils fuient l'esclavage et ne font de mal à personne. Quand il m'est arrivé de voyager pendant la nuit, je craignais beaucoup moins la rencontre des nègres marrons que celle des soldats déserteurs.

Presque tous les nègres mangent leurs pous, et disent dans leur langage : *puis pou ca modé moin, fo moin modé yo aussi.*

Travaux, nourriture et châtiments des esclaves; le soin qu'on on prend quand ils sont malades ; leur costume.

On distingue les esclaves en nègres domestiques et nègres de jardin. Ceux-là font le service de la maison, ceux-ci cultivent les campagnes qu'on appelle *jardin*; le service des premiers n'a rien de bien fatigant, mais le travail des derniers m'a toujours semblé très-rude. C'est à la houe qu'ils labourent les terres, et l'on sent que, sous un climat brûlant, rien ne doit être plus pénible.

L'homme blanc est à peine susceptible des plus légers mouvements pendant l'ardeur du jour, et si l'homme noir n'en diffère que par la teinte de l'épiderme, combien ne doivent pas peser sur lui les travaux forcés auxquels il est assujetti? L'habitude fait, sans doute, quelque chose; mais encore elle ne balance point l'effet de l'inclémence du ciel. Il n'en est pas de l'habitant de la zone torride comme de celui des zones glaciales; la température favorise les efforts de celui-ci, elle énerve au contraire celui-là et semble le condamner au repos. Cependant les esclaves labourent, plantent, récoltent, fabriquent, font enfin tout ce qu'exige une culture plus pénible encore que celle de nos champs. Ce sont eux qui, le plus souvent, transportent sur leur tête le fumier dans les pièces. Les bœufs et les mulets, qu'on n'a principalement que pour se procurer des engrais et transporter les provisions et les produits des manufactures, ne servent guère que pendant la récolte.

Le plus ou moins grand nombre de nègres de jardin, sans distinction de sexe et, comme disent les créoles, mâles et femelles, forment l'atelier. Il est ordinairement divisé en deux bandes, la grande et la petite. Celle-ci comprend les enfants qui ne sont encore susceptibles que de légers travaux ; celle-là renferme les nègres et négresses capables de manier la houe.

L'atelier est dirigé par un nègre de confiance qui, tous les soirs, va recevoir les ordres du maître et lui rendre compte des travaux de la journée. Ce nègre de confiance a le titre de commandeur, la marque de sa dignité est un long fouet qu'il porte continuellement à la main.

A quatre heures du matin, le commandeur fait claquer son fouet, ou corne, c'est-à-dire souffle dans un gros lambit percé à son sommet, ou sonne, s'il y a une cloche sur l'habitation : c'est le signal du réveil. Quelques instants après l'atelier se rassemble devant la porte du maître qui dort profondément sur un léger duvet ; on fait tout haut une courte prière ; ensuite chacun s'arme de sa houe ou de tout autre instrument, et suit le commandeur.

Arrivé dans la pièce, l'atelier commence ses travaux. S'agit-il de labourer, tous se rangent sur une ligne, le commandeur se tient derrière. Il dit : toutes les houes sont en l'air et retombent ensemble. Malheur à celui dont la fatigue abat les bras ; le fouet est là qui ranime son ardeur.

Dans quelque espèce de travail que ce soit, hommes, femmes, enfants ne sauraient échapper à la vigilance du Cerbère qui les garde. Jouirait-il des faveurs et de la confiance du maître, s'il ne partageait pas un peu sa cruauté?

A neuf heures, le travail cesse jusqu'à neuf heures et demie; cet intervalle est le temps qu'on accorde pour déjeuner. A midi, le repos a lieu encore jusqu'à deux heures. Enfin, c'est avec le jour que finit le labeur, mais pas avant, surtout, que ces malheureux esclaves n'aient été couper chacun un paquet d'herbe pour les bestiaux, paquet qui leur vaut quelques coups de fouet, si l'interprète des fureurs du souverain le trouve trop faible. Après la prière, tous se retirent dans leurs cases, épuisés de fatigue.

Et de quoi sont nourris ces hommes qui bravent ainsi les ardeurs du jour et les intempéries des saisons?... — D'un petit morceau de morue salée et d'un peu de farine de manioc. — Au moins trouvent-ils, quand ils reviennent des champs tout pénétrés de sueur, cette nourriture si simple préparée?.... — Point. On leur distribue tous les vendredis les modiques provisions de la semaine, et à eux le soin de les assaisonner comme ils l'entendent : il est vrai qu'il n'y a rien là de long ni de difficile ! Cette provision, qu'on appelle *ordinaire*, consiste en deux livres de morue et deux pots de farine, pour les hommes ; une livre et demie de morue et un pot et demi de farine, pour les femmes. Le pot de farine pèse environ deux livres et demie ; c'est donc en tout sept livres de comestibles qu'on donne chaque semaine à un homme qui travaille journellement depuis quatre heures du matin jusqu'à sept heures du soir. Voilà certainement de quoi soutenir ses forces ! Si nos paysans, auxquels on les veut comparer, n'avaient par jour qu'une livre de pain à manger, que nos champs seraient bien cultivés ! quelles riches moissons on y verrait éclore !

Comme la terre ne manque pas aux habitants, ils donnent à leurs esclaves le choix de recevoir l'*ordinaire* ou d'avoir la jouissance d'un petit coin de terre avec un jour de la semaine pour le soigner ; la plupart optent pour ce dernier parti. Il n'y a que les esclaves faibles et maladifs qui prennent l'ordinaire. Eh bien, dans ce petit coin de terre, ils font du manioc, des patates, des ignames et d'autres racines qu'ils viennent vendre le dimanche à la ville, se procurant ainsi leur nécessaire. Il y en a même qui parviennent, à force de travail et d'économie, à se donner une petite aisance; mais ils sont peu nombreux, parce qu'un jour dans la semaine ne suffisant pas pour soigner leurs jardins, ils sont obligés d'y travailler souvent la nuit, et l'on conçoit que tous n'ont pas la force de sacrifier un repos qui leur est indispensable.

Exiger de ses esclaves un travail opiniâtre et ne point leur donner le nécessaire, n'est-ce pas le comble de la cruauté! Vingt fois j'ai vu distribuer l'ordinaire, et vingt fois les cris de ces malheureux, demandant inutilement quelque chose de plus, m'ont arraché des larmes. J'ai vu, et je n'y pense qu'avec horreur, j'ai vu des maîtres leur faire donner de la morue à moitié pourrie et où fourmillaient les vers! Qui donc, excepté le créole, pourrait s'étonner que l'esclave devienne voleur? et voler pour soutenir son existence, quand tout autre moyen manque, est-ce être bien criminel?

Ne voulant rien ignorer de ce qui regarde le sort des esclaves, j'ai visité un grand nombre de leurs cases, chez divers habitants, pour me donner une idée de leur mobilier, que j'ai trouvé partout à peu près le même. Je ne parle pas ici des négresses entretenues, leur avoir est en rapport avec la générosité ou les moyens de leurs galants.

Ces cases sont ordinairement divisées en deux parties ; ils appellent la première *la salle*, la seconde est la chambre.

Voici l'inventaire de la case d'un vieux nègre qui avait travaillé cinquante-six ans pour son maître, sans en être plus riche, comme on va le voir. Il avait donc,

Dans la salle :

Une mauvaise petite table ;

Un vieux pot de sucrerie pour conserver son eau ;

Une grosse calebasse pour aller puiser de l'eau à la rivière ;

Un bout de planche appuyé sur deux pierres, servant de siége ;

Quelques pierres servant d'âtre (ces cases n'ont point de cheminée) ;

Un pot, une petite soupière et une cruche en terre ;

Quatre petites calebasses servant pour boire et manger ;

Un sac de latanier pour presser la farine ;

Une hébichette pour passer le manioc
Un balai.

Dans la chambre :

Deux planches posées sur deux roches, tenant lieu de bois de lit ;

Des feuilles de bananier servant de matelas ;

Deux moitiés de baril pour laver le manioc ;

Un caïambouk, calebasse percée par le haut, dans laquelle ils mettent leur farine ;

Enfin, un mauvais coffre en bois blanc, renformant deux pantalons de grosse toile, trois mauvaises chemises, deux mouchoirs, un vieux chapeau et quelques cigares.

Que ces infortunés doivent être bien dédommagés de leurs peines et de leurs fatigues avec de semblables richesses ! Dans toute sa vie, un esclave ne peut quelquefois parvenir à se procurer un rasoir ; c'est avec des fragments de bouteille de verre qu'il est obligé de se raser.... Et un esclave est moins malheureux qu'un paysan !

Les négresses qui allaitent, et qui ont d'ailleurs d'autres enfants en bas âge à soigner, ne sont pas, pour cela, exemptes du travail ; elles portent dans la pièce ceux qui sont au lait ; on les dépose tous dans des boîtes, sous la garde d'un enfant plus grand, et de temps en temps le commandeur permet à leurs mères d'aller leur donner le soin. Quant aux autres, ils restent tous à l'habitation, sous les soins de quelque vieille négresse que l'âge ou les infirmités dispensent d'aucune autre occupation.

Qu'elles goûtent bien le bonheur d'être mères ! qu'il est doux pour elles d'avoir des enfants sans pouvoir leur prodiguer les caresses que le cœur leur inspire, ni exercer sur eux la douce autorité que la nature leur donne, de ne voir au contraire pour eux qu'un cruel avenir ! « Je préférerais, disait une de ces femmes infortunées, je préférerais mourir mille fois, que de jamais donner le jour à un être dont le sort serait, comme le mien, de ne travailler et de ne vivre que pour un tyran. Si pareil malheur m'arrivait, ou bien je me précipiterais dans la rivière en le tenant serré dans mes bras, ou bien le même couteau nous percerait tous deux. »

Parmi les nègres de l'atelier, il en est à qui on fait apprendre quelque art utile; ainsi, un habitant a toujours à sa disposition maçons, charpentiers, tonneliers, etc.

Négliger ses devoirs, manquer de respect à l'égard des blancs, partir marron, voler pour vivre, voilà des crimes qu'on punit par le fouet, les fers, le cachot.

Qu'un nègre, pressé par la faim, coupe, hors le temps de la récolte, une canne à sucre, qu'il dérobe un fruit ou toute autre chose que le maître avait réservée pour sa table, qu'il ne soit point exact à se rendre précisément à l'heure fixée pour quelque ouvrage, qu'il lui échappe un mot peu mesuré devant un blanc, il reçoit un *quatre piquets;* c'est-à-dire qu'on le fait étendre à terre, tout nu, qu'on lui attache les pieds et les mains à des piquets fortement enfoncés, et que, dans cette position, on lui fait donner un nombre de coups de fouet qui varie depuis douze jusqu'à cinquante ordinairement, selon la gravité des cas.

Voici un fait qui me semblerait incroyable si je ne l'avais vu de mes propres yeux. Un maître donne l'ordre à un de ses esclaves d'appliquer vingt-cinq coups de fouet à un autre esclave dont il était mécontent; ce nègre, qui n'était pas commandeur, obéit sur-le-champ, saisit le coupable, l'attache aux piquets et court chercher un fouet; l'autre, pendant ce temps, et en notre présence, fait de si grands efforts qu'il arrache les piquets et s'enfuit. Le maître fait donner les vingt-cinq coups de fouet au premier, prétendant, faute de bonnes raisons, qu'il le devait faire garder. Je demandai sa grâce avec beaucoup d'instances, je ne pus l'obtenir.

Souvent la chair de ces malheureux tombe en lambeaux, et pour éviter le tétanos, qui toujours est mortel, on fait verser dans leurs plaies toutes saignantes un mélange de jus de citron, de piment et de sel, remède mille fois plus douloureux que le mal même.

La récidive est punie par les fers et le cachot, aussi bien que le marronage ; ce sont ou de pesants anneaux appelés *nabots* qu'on leur met aux pieds, ou des chaînes qu'il leur faut traîner, ou encore des colliers de fer armés de pointes recourbées qui s'élèvent jusqu'au haut de la tête. Malgré la pesanteur de ces fers, il ne leur faut pas moins remplir leur tâche. Un surveillant particulier va, le matin, ouvrir la porte de leur cachot; le soir, il vient les y replonger. Ces cachots n'ont d'autre ouverture que la porte, et sont tout à fait obscurs ; les criminels sont nourris là avec un peu de farine et d'eau, couchant à terre ou sur quelques planches.

Les nègres empoisonneurs doivent être livrés à la justice; mais la justice, pour condamner, veut des preuves, et il est autant difficile à l'habitant d'en recueillir de solides que de découvrir le coupable; ils n'ont donc le plus souvent que des probabilités, en sorte qu'ils se font eux-mêmes justice sans aucun scrupule. On plonge alors les prévenus dans le fond d'un noir cachot, et on les y laisse impitoyablement mourir de faim.

MM. Rous.... éprouvaient beaucoup de pertes en esclaves et en bestiaux par l'effet du poison. Ayant fait ouvrir un mulet qui venait de mourir empoisonné, y reconnaissant les traces du poison, ils rassemblèrent tous leurs nègres autour de l'animal, le leur firent examiner, et cherchèrnt dans leur contenance des indices du crime; ils en saisirent sept sur lesquels tombèrent plus particulièrement leurs soupçons. Interrogés de toutes les manières, ces nègres nièrent constamment avoir commis le délit; ils assurèrent seulement qu'il n'y aurait plus d'empoisonnements si on voulait les relâcher. Ces messieurs, jugeant qu'il fallait un exemple, quoique d'ailleurs ils n'eussent aucune certitude, retinrent dans les chaînes celui qui leur parut le plus coupable et dont ils espéraient le moins de travail: c'était un vieux nègre de quatre-vingts ans. On le laissa mourir de faim dans son cachot; il vécut vingt jours sans boire ni sans manger. Les empoisonnements cessèrent pour, six mois après, recommencer. Ces messieurs firent alors arrêter un jeune nègre qu'ils supposaient en être l'auteur, et le vouèrent au même sort que le premier; il ne vécut que dix jours. Malgré cette extrême sévérité, les empoisonnements n'ont jamais cessé que momentanément. Voilà donc, sur leurs habitations, les créoles aussi puissants que la loi, puisqu'ils exercent sur leurs esclaves, c'est-à-dire sur des hommes comme eux, le droit de vie et de mort. Et combien, pour des fautes beaucoup moins graves, condamnent ces malheureux à expirer sous les coups? combien, même pour des riens, leur font souffrir des supplices inouïs? Nous pourrions citer un habitant de sous le vent de l'île qui, par un raffinement de férocité, fait garrotter, attacher à terre ses nègres tout nus et verse de l'eau bouillante sur les parties les plus délicates et les plus sensibles de leur corps. Au reste, cet habitant, qui n'a d'humain que l'apparence, ne traite guère mieux sa trop malheureuse épouse.

Quand les esclaves sont malades, on les fait entrer à l'hôpital. C'est une case plus ou moins vaste, située ordinairement près de la maison de maître;

des lits de camp, une chaudière, quelques pots de terre pour faire des tisanes, des couis, voilà tout l'ameublement que jai remarqué dans tous ceux où je suis entré. Là, les pauvres malades, entassés pêle-mêle, sans distinction de sexe ni d'âge, sont soignés par quelques vieilles négresses sans pitié, à qui le despote confie une partie de son autorité.

Une fois entrés à l'hôpital, les malades n'en sortent que quand ils sont guéris. Souvent il n'existe même pas une petite cour où ils puissent respirer un air pur ; il en est où il n'y a pas d'autre ouverture que la porte. Un hôpital à nègres est donc un véritable cachot où ne règne qu'un air corrompu et infect, comme il est facile de le concevoir. Un esculape, à qui l'on donne une vingtaine de moëdes d'abonnement, vient avec gravité inspecter, deux fois chaque semaine, ce triste et dégoûtant réduit de la misère humaine. Il formule, et Dieu sait comme on est exact à suivre ce qu'il prescrit ! Souvent même, il a l'ordre de ménager la bourse du maître ; et puis certains habitants, et c'est le plus grand nombre, qui croient en savoir au moins autant que le docteur, parce qu'ils lisent couramment, changent, sans façon, son ordonnance. Enfin, on leur donne des médicaments ; et dans le fond, peu importe, peut-être, que ce soit telle ou telle substance. Mais souvent les médicaments ne suffisent pas pour ramener un malade à la santé; un régime bien suivi, une bonne nourriture, font quelquefois plus de la moitié de la guérison, et pourtant un malade n'est pas mieux traité, sous ce rapport, que le nègre qui travaille. Aussi n'est-ce que quand il ne peut plus se soutenir, que le nègre demande à entrer à l'hôpital; et à peine est-il convalescent qu'il demande à sortir, aimant mieux travailler et recevoir des coups de fouet que d'habiter plus longtemps un séjour si ennuyeux et surtout d'y être si mal soigné; au moins trouve-t-il dans sa case de la paille de bananier pour se reposer.

Un habitant de ma connaissance prodiguait ses soins à un mulet malade. Je lui demandai, d'une manière à ne le pas offenser, pourquoi il n'en donnait pas autant à un malheureux esclave. La raison est simple, me dit-il, c'est qu'un bon mulet me coûte plus cher qu'un nègre. Je m'abstiens ici de toute réflexion; celles que je pourrais faire ne manqueront pas de se présenter en foule à l'esprit du lecteur.

Les esclaves sont très-mal vêtus, et l'étranger qui aborde pour la première fois dans les colonies, s'il ne considérait que le costume des noirs, serait tenté de se croire dans le séjour de l'extrême indigence. Une culotte de grosse toile jaune, une chemise de guingan, quelquefois un mouchoir ou un vieux chapeau sur la tête, point de bas, point de souliers, voilà l'habillement des hommes. Un jupon de guingan, une chemise qui leur laisse souvent le sein à découvert, un mouchoir sur la tête, voilà celui des femmes. Comme on n'a point l'habitude de rapiécer ses hardes, dans les colonies, ils ne traînent le plus souvent que des haillons. Les enfants des deux sexes vont ordinairement tout nus jusqu'à l'âge de huit ou dix ans. Les esclaves domestiques sont toujours mieux vêtus ; il y a même des femmes qui n'ont rien que de beau, de riche et d'élégant, mais elles sont entretenues par des blancs, et doivent faire exception.

Des gens de couleur libres.

Sous le régime colonial, il est permis à un esclave de racheter sa liberté. Cette apparence de bonté et de justice n'est-elle pas une insulte cruelle à sa déplorable condition, puisqu'on lui refuse les moyens d'acquérir la somme nécessaire? Comment un esclave pourrait-il nourrir l'espoir consolant de tirer de son petit jardin, outre ses nécessités journalières, le prix de sa liberté ? S'il arrive donc quelquefois qu'un nègre se rachète des mains de son maître, ce ne peut être qu'un esclave domestique, qui reçoit beaucoup de présents des étrangers qui viennent visiter son maître, pour récompense des petits services qu'il leur rend, ou qui trouve les moyens de faire quelques rapines, ou bien encore un nègre ouvrier qu'un maître laisse travailler pour son propre compte, moyennant qu'il en reçoit, chaque mois, huit ou dix gourdes. Ce nègre, en effet, s'il est économe, grand travailleur, et qu'il trouve toujours de l'ouvrage, peut parvenir à avoir une petite aisance. Mais combien en voit-on dans ce cas ? Rien de plus rare qu'un nègre puisse se racheter.

Les gens de couleur libres, ne le sont donc, dans l'origine, que par la générosité de certains maîtres qui, voulant récompenser en eux quelques services importants, ou poussés par un remords de conscience, leur ont rendu ce beau présent des cieux qu'ils leur avaient usurpé.

Une mère peut devenir l'esclave de son enfant, par donation du maître... L'esclavage peut-il être en opposition plus directe avec la nature ? C'est pourtant ce que l'on voit souvent.

Les affranchis exercent, pour vivre, une profession quelconque. Ils sont ou cordonniers, ou tailleurs, ou charpentiers, etc.; il en est cependant qui sont propriétaires; on en voit même de fort riches, car il arrive quelquefois, mais très-rarement, qu'un blanc qui n'a pas d'enfant de sa femme légitime, reconnaisse et adopte, pour héritier de ses biens, tel ou tel de ses bâtards, et alors cet homme, devenu libre, compte parmi ses esclaves sa mère, plus ou moins de frères et de sœurs, et souvent de ses propres enfants.

Il ne faut pas croire que ces affranchis jouissent pour cela des droits du citoyen; ils en supportent les charges, il est vrai, mais ils n'en ont point les priviléges. Ils paient des impositions; ils servent dans la milice, où ils font un corps séparé des blancs; mais ils ne peuvent parvenir à aucun grade et ne peuvent occuper aucune place dans l'ordre civil; on leur refuse même le titre de *Monsieur* ou de *Madame*. On les désigne simplement par leurs noms, quelle que soit d'ailleurs leur richesse; ils ne peuvent s'absenter de la colonie, pour leurs affaires, sans donner caution pour leur personne. Leur liberté consiste enfin à ne plus être sous la tyrannie et à ne plus craindre les châtiments; c'est toujours quelque chose!

D'après tous les faits que j'ai rapportés sur l'esclavage, peut-on s'étonner que les malheureux qui en sont les victimes, nourrissent toujours des projets de vengeance ? Ce qui m'étonne, moi, c'est qu'infiniment plus nombreux que les blancs, ils ne les aient pas déjà réalisés ; et j'avoue ingénument que la crainte d'en être témoin a souvent troublé mon sommeil pendant les six années que j'ai passées dans la colonie, et que pendant les trois mois d'hivernage surtout, où toute retraite est impossible, faute de bâtiments, j'étais dans des transes presque continuelles.

Quelques précautions qu'on prenne, nécessairement ils secoueront le joug tôt ou tard. L'esclavage est un désordre qui ne peut subsister encore bien longtemps. On ne prescrit point contre les droits de la nature. Déjà fermente le germe d'où doit sortir la liberté des noirs. Ne vous faites point illusion, trop fiers créoles, vos esclaves n'attendent qu'un moment favorable pour venger sur vous les horreurs de leur servitude ! Qu'il vous serait facile pourtant de les satisfaire et de dissiper l'orage qui plane sur vos têtes ! Que demandent-ils ? la liberté. Que vous en coûterait-il pour la leur rendre ? Il vous faudrait faire, sans doute, un sacrifice ; mais, dût-il vous en coûter la moitié de votre fortune, si le bonheur d'avoir fait des heureux n'était rien pour vous, du moins, par ce moyen, mettriez-vous votre vie à l'abri de toute atteinte!

De la couleur et de l'odeur des nègres.

Quelques philosophes ont voulu faire des nègres une espèce d'homme particulière et de beaucoup inférieure à la race blanche; d'autres ont prétendu que les caractères qui les différencient ne sont que l'effet du climat, des mœurs et de la nourriture. D'autres enfin voient, dans ces caractères, l'effet de la malédiction prononcée sur l'impudique Cham, dont ils descendent. On a beaucoup disserté sur leur couleur, et l'on en a recherché la cause avec soin, sans que toutes ces recherches aient répandu beaucoup de lumière sur ce grand problème. Je suis loin de vouloir entrer en lice. Je n'examinerai point comment les causes ci-dessus pourraient agir sur l'organisation de l'épiderme. Les effets qui résultent de l'action des agents extérieurs et de la réaction de la vie sont, pour la plupart, inexplicables; et la nature semblerait moins belle si toutes ses œuvres pouvaient être comprises par l'intelligence humaine.

Je vois dans l'Africain et dans l'Européen la

même organisation physique, à quelques différences de forme près ; même disposition dans la charpente, même direction dans les muscles et les vaisseaux ; même forme, même situation des viscères ; mêmes modes d'action dans les propriétés vitales, mêmes relations extérieures. J'y vois les mêmes facultés intellectuelles, les mêmes penchants, les mêmes passions. J'infère de tout cela qu'ils ont la même destinée, et je ne puis croire qu'ils n'aient pas la même origine. Il serait, en effet, assez singulier qu'avec de telles ressemblances, ils vinssent de sources différentes, et leur commune origine est beaucoup plus facile à comprendre que ne serait l'identité d'effet dans des causes différentes. Je me bornerai donc à quelques faits.

Du commerce des blancs avec des femmes noires, il naît des enfants chez qui la couleur est de moins en moins foncée à mesure qu'ils s'éloignent du premier mélange ; c'est-à-dire que d'un blanc et d'une négresse naît le *câpre*, qui déjà n'est plus noir ; que d'un blanc et d'une câpresse naît le *mulâtre*, dont la couleur est beaucoup moins foncée encore. Enfin la couleur ternit de plus en plus et disparaît tout à fait par trois ou quatre générations.

Les nègres en naissant sont presque blancs. Ce n'est que quelques jours après qu'ils deviennent noirs.

Il me semble que si la couleur chez le nègre était un caractère d'espèce différente, elle ne devrait jamais s'effacer; que le mélange produirait seulement des nuances diversifiées à l'infini. Si le noir est aussi naturel à l'Africain que le blanc à l'Européen, pourquoi leur union ne produit-elle pas des noirs aussi bien que des blancs? Pourquoi les nuances intermédiaires pâlissent-elles constamment dans le même rapport? Pourquoi vont-elles enfin se fondre, pour ainsi dire, dans les blancs? Pourquoi ne reviennent-elles jamais vers le noir?

Si du commerce d'un nègre avec une femme blanche il naissait un enfant noir, le problème serait plus difficile à résoudre; mais ce nouvel ordre d'union produit encore les mêmes phénomènes. En Angleterre comme en France, il est une foule d'hommes de couleur à différents degrés qui ont épousé des femmes blanches, et les enfants, fruits de ces mariages, se sont tous trouvés plus ou moins blancs.

Que doit-on donc raisonnablement conclure de

ces faits ? Que le blanc est la couleur naturelle et primitive de l'homme ; que la couleur noire, chez le nègre, n'est qu'un accident dont on ne saurait trop expliquer la cause et qui est devenue héréditaire ; que donner à l'homme une double origine, c'est multiplier les causes sans nécessité.

La sainte autorité des livres sacrés doit d'ailleurs fixer nos idées à cet égard. Le législateur des Juifs ne parle que d'un seul couple, auteur de toute la race humaine. « Masculum et feminam creavit eos...
» adæ verò non inveniebatur adjutor similis ejus,
» immisit ergo Dominus Deus soporem in Adam ;
» cùmque dormisset, tulit unam de costis ejus...
» et ædificavit Dominus Deus costam, quam tulerat
» de Adam in mulierem... erat autem uterque
» nudus Adam scilicet et uxor ejus, etc., etc. »

L'historien sacré qui rapporte avec tant de détails et d'exactitude la création et l'histoire du couple blanc, aurait-il oublié celle du couple noir ?

Il serait peut-être aussi difficile de trouver la cause de la répugnante odeur qu'exhalent tous les gens de couleur. Je ne fais aussi que l'indiquer ; c'est au physiologiste à s'exercer sur ce sujet.

Cette odeur, plus ou moins forte, selon la teinte de la couleur, n'est pas la même chez tous. Les uns répandent une odeur ailliacée; d'autres l'odeur de bouc; ceux-ci l'odeur de cabrit; ceux-là l'odeur d'aloès; il y en a enfin qui exhalent la repoussante odeur du Kakerlaque. Ces odeurs ne se développent ordinairement que quand ils ont atteint l'âge de douze à treize ans. La colère ou toute autre forte passion en augmente singulièrement l'intensité et la rend insupportable.

Du langage ou patois créole.

Le blanc n'entendant pas mieux le langage du noir, que le noir celui du blanc, pour se comprendre, ils durent se faire réciproquement des concessions de mots et construire sur un mode nouveau. De ce mélange de mots plus ou moins altérés est sorti le patois créole.

Ce langage, dans la bouche des créoles blancs et des noirs, a beaucoup de douceur, quelquefois une sorte de grâce. La construction en est simple. L'expression fait souvent image. Il est assez rare qu'un étranger parvienne à le bien prononcer. Peut-être serait-il facile de le soumettre à quelques règles; mais on ne l'a pas tenté.

Je n'ai jamais fait de ce patois une grande étude. Je ne le parlais que pour me faire entendre de nos domestiques. Mais voici ce que j'ai remarqué de plus frappant.

Un verbe ne varie pas dans sa terminaison et ne s'emploie guère qu'au présent de l'indicatif, au prétérit défini, au futur simple, au conditionnel présent et à l'impératif. Ce sont des signes qui marquent les temps. *Ka*, devant le verbe, marque le présent; *mon k'allé*, je vais. *Té* marque le prétérit; *mon té allé*, j'ai été. *Sra* désigne le futur; *mon sra dit vous*, je vous dirai. *Sré* désigne le conditionnel; *mon sré dit vous*, je vous dirais. L'impératif n'a point de signe. Un seul exemple suffit pour donner une idée de la construction de tous les verbes.

QUIMBE, tenir, saisir, prendre.

INDICATIF.

Présent.

Mon ka quimbé, Je prends.
To ka quimbé, Tu prends.
Li ka quimbé, Il prend.
Nou ka quimbé, Nous prenons.

Vou ka quimbé, Vous prenez.
Yo ka quimbé, Ils prennent.

Imparfait.

Mon té ka quimbé, Je prenais.
To té ka quimbé, Tu prenais.
Li te ka quimbé, Il prenait.
Nou te ka quimbé, Nous prenions, etc.

Prétérit.

Mon té quimbé Je pris ou j'ai pris.
To té quimbé, Tu pris ou tu as pris, etc.

Futur.

Mon sra quimbé, Je prendrai.
To sra quimbé, Tu prendras, etc.

Conditionnel.

Mon sré quimbé, Je prendrais.
To sré quimbé, Tu prendrais, etc.

Impératif.

Quimbé, Prends, prenez.

Ils n'emploient que l'adjectif possessif mon,

ton, son, pour les substantifs des deux genres. Ils disent mon tête, mon table, mon case, ou tête à moin, case à moin, case à toué, case à li. *Ti mousse à moin*, mon petit enfant. *Chouval à yo*, leur cheval. Après les noms communs, ils mettent le mot là, qui souvent tient lieu d'un adjectif démonstratif. Ex. *Nègre-là vini*, venez, nègre. *Moune-là, femme-là, ça vouka potté-là?* l'homme, la femme, que portez-vous là? *Béqué-là belle*, ce blanc est joli. *Milette-là ka goumé épuis camarade à li*, ce mulet se bat avec son camarade. *Iche-là té fouté moin*, cet enfant m'a battu.

Je donne ici quelques pièces écrites dans ce langage, afin qu'on puisse mieux s'en faire une idée. Je suis loin de prétendre que ce soit le patois dans sa pureté, parce que, encore un coup, je ne me suis point occupé de cette étude.

Voici donc la conversation d'un nègre de côte avec un nègre sacristain qui avait coutume de nommer les noirs et leurs enfants, et que, pour cela, ils appelaient tous *papa*.

Le sacristain. — Av'la toué don!... comment dipis temps to dans pays, c'est à prisent, to ka vini pour yo baptizé toué?

Le nègre, portant une poule sous le bras. — Et oui, papa, av'la moin.

Le sacristain. — Eh ben! comment to v'lé yo crié toué?

Le nègre. — Eh ben! papa, mon v'lé yo crié moin Baltaza.

Le sacristain. — To v'lé yo crié toué Baltaza; eh ben! ça to ka potté? to save ben, prête-là ka vive d'lautel.

Le nègre. — Ça vrai, papa, eh ben! mon ka potté gnon gros maman poule.

Le sacristain. — Baltaza, pou gnon poule!... est-ce to pas save Baltaza, c'étoit gnon d'ces mages qui té vini adoré notte seigné dans crèche? Si enco to lé ka potté gnon bel mâle cochon, gnon gros mouton, gnon bel père zoie, passe; mai Baltaza pou gnon poule! ah!

Le nègre. — Eh ben! papa, crié moin Alécanne.

Le sacristain. — Alécanne! mai jou coué c'étoit manié gnon prophète.

Le nègre. — Eh ben ! papa, crié moin Joséphe.

Le sacristain. — Joséphe ! mai c'étoit minisse à Pitifâ ! si to v'lé, mon ka lé crié toué pié, Paul, Jacques ; c'est tout ça mon pê fai pou gnon poule.

Le nègre. — Eh ben ! papa, si vou pâ v'lé crié moin Baltaza, mon ka lé, mon pâ ka vini onco.

Le sacristain. — Allon, vini, ces nègres - là. Zotte ka faite moué fai, tout ça zotte v'lé ; mai malgré ça, Baltaza pou gnon maman poule ! ça ben fô.

Voici quelques fables que j'ai mises comme j'ai pu en patois créole.

L'enfant et le serpent.

Ti moune té ka joué, outi gnon pié rose. Li voir là sépent. Oh ! comme bête-là belle, dit li moune-là qui té ka sauté contentement. Bête-là ka dromi dans fleur-là ! mai li ka baillé ! li tini faim don ! Faut mon bâ li vite pain à moin, épui confitures à moin. Ti moune-là ka palé conne ça pâ ce li pâ save çà çà iés gnon sépent. Li te ka couri vitement pou li bâ li mangé. Quante sépent-là te voir main à ti moune-là, vite li té quimbé li et déchiré li épui dents à li qui tini v'lin.

Quante vou ka rende sévice à moune, c'est yo qui ka faite vou mal après.

La cigale et la fourmi.

Cigale té chanté toute l'été ; li trouvé li pauve quante vent-là té vini. Pâ gnon ti moche pain, mouche épui vémiche. Li ka lé crié misère dans case fourmi qui voisine. Li dit li : vou va prêté quéque grains pour mon vive, jusqu'à bon temps vini, mon sra rende vou avant récolte ; bon Dieu puni moin si mon pâ bâ vou tout et zintérêt-là. Fourmi pâ ka aimé prêter. C'est là plis péti faute à li. Ça vou té ka faite quante temps té chaud, li dit à emprunteuse-là ? mon té ka chanté pendant nuite épui jour, ça pas ka faite vou peine. Vou té ka chanté ! mon content. Eh ben ! mon dit vou, dansé.

Le corbeau et le renard.

Corbeau té monté su gnon zarbe ; li te ka quimbé gnon fromage dans bec à li. Rinarde-là que sentir-là faite vini, li dit conne ça : hé, bon jour, mouché du corbeau, que vou joli, que vou semblé moin belle ! serment, si chanté à vou ka semblé plume à vou, vou pli belle zozio dans bois-là. A mots-là corbeau pâ ka senti li joie, et pou faite voir biau voix à li, ka ouvré gnon grand bec et laissé tombé proie à li. Rinarde quimbé li et dit li : vou qué save, biau mouché que toute flatter ka vive à dépends de cila ka couté li.

Leçon la vô ben gnon fromage, mon pâ trompé vou. Corbeau tout sotte, jira gnon peu tard que yo pâ ka lé trapé li enco.

Voici quelques chansons en usage dans la colonie.

Chanson.

1.

Laut jour gnon jeine criol cangio freluquet
Belle passé blanc dans bal à yo,
Pour traper moin li té dire :
Vini zami pour nou rire.
Non, mouché, m'pâ v'lé rire moin.

2.

Moin couri dans gnon bois voisin,
Criol-là té prende même chimin ;

Et toujours li té dire :
Vini zami pour nou rire.
Non, mouché, m'pâ v'lé rire moin.

3.

Zié li brillé tant comme zéclair,
Piti brin yo ka faite moin per,
Gisque tant moin pâ n'osé dire :
Non, mouché, m'pâ v'lé rire,
Non, mouché, m'pâ v'lé rire moin.

4.

Criol-là tant tracassé moin
Que pour li quitté allé moin,
Enfin mon obligé dire :
Oui, mouché, mon v'lé rire moin,
Oui, mouché, mon v'lé rire moin.

5.

Zotte qui peut moqué tout moin tout bas,
Si zotte té connaître cangio-là,
Avec façon li pour rire,
Bon Dieu pini moin, zotte va dire :
Oui, mouché, mon v'lé rire moin,
Oui, mouché, mon v'lé rire moin.

La romance suivante a été composée par M. Dupuy des Islets, créole fixé en France.

1.

Cœur à moin chagrin Félicie,
Moi plus chéri, c'est z'officier.
N'as pas dit non, mamsell' tant prie,
Quimbez li sous bananier.
Zamour c'est brasier qui consume,
Toi crais li pas k'aller changer !
Colibri li tini bell' plume,
Mais zaile aussi pour voltiger.

2.

Quand blanc-là venir Guadeloupe,
Moi voir au loin naufrage à li,
A la mer moi metté chaloupe
Moi té crais moi sauvez zami.
Si moi té gagné prévoyance,
Moi té brisé canot à moi :
Çà li bâ moi pour récompense ?
Cœur à li volé cœur à toi.

3.

Moi nommé li traîte, perfide,
Moi v'lé proposé li combat,

Moi té gagné flèche rapide
Qui connaît percer cœur ingrat.
Mais moi disai, pauve Félicie,
Si toi perd zamant cher trésor,
Toi pleuré li toute la vie,
Toi va haïr moi plus encor.

4.

Nature semblait moi sauvage,
Moi soupirer, gémir toujours;
Zoiseaux plus causé sous fouillage;
Ramiers plus roucoulé zamours.
Cœur à moi brisé par tristesse,
Comme ioune lampe moi va finir;
Mais moi toujours garder tendresse
A cilà qui fait moi mourir.

La chanson suivante a été composée par un habitant de Saint-Domingue. On peut la chanter sur l'air : *Que ne suis-je sur la fougère, etc.*

1.

Lisette quitté la plaine,
Mon perdit bonher à moi.
Ziés moin semblé fontaine,
Dipi mon pas miré toi.

La jour, quand mon coupé canne,
Mon songié zamour à moué ;
La nuit, quand mon dans cabane,
Sans dromi, mon quimbé toué.

2.

Quand to allé à la ville
To trouvé joine cangio,
Qui gagné, pour trompé fille,
Bouche doux passé sirop.
Yo paraître à toi sincère,
Pendant quer yo coquin trop.
C'est serpent qui contrefaire
Crié rats pour trompé yo.

3.

Dipi mon perdi Lisette
Mon pas souché calinda [1].
Bouche à moi tourné muette,
Mon pas souché bamboulà [2],
Quand mon miré joine négresse
Mon pas ouvri ziés bà li :

[1] Sorte de danse particulière.

[2] Danse en général.

Mon pas souché travail pièce,
Toute qui chose à moi mouri.

4.

Lisett' mon tendé nouvelle
To allé bentôt vini.
Vini don toujours fidelle;
Miré bon pass' temps ici.
N'as pas tardé davantage,
To fair' moi assez chagrin.
Si quer à toi pas volage,
Toi doit souvenir Colin.

5.

Mon maigre tant comm' gnon souche,
Jambe à moi tout comm' roseau.
Mangé n'a pas doux dans bouche,
Tafia mêm' c'est comme diau.
Quand mon songié toi Lisette,
Diau toujours dans ziés moi.
Manière moi vini tout bête,
A force chagrin mangé moi.

Les nègres ont une foule de bons proverbes, comme on en peut juger par ceux-ci, que le hasard m'a fait recueillir :

Quanto vou voir barbé à camarado à vou prendro di fô, n'a pas jamais soufflé su li, metté diau à su li. — Quanto vou voir misère gagné camarado à vou, pas jamais riro, toute péché miséricordo. — Zafairo à vou, pas zafairo à camarado. — Ravette pas tini raison divant poule. — Ka ló pi souvent ti bouvard à la boucherie que vache. — Vieux canari ka faite toujours bonne soupe. — Quanto vou marron, pas jamais boire diau dans rivière, boiro dans fouille à bois. — Çà qui bon pour zoio, bon pour canard. — Bon savane ka faite bon bef. — Vou ka fité couteau avant trappé cabrite. — Dipis quantó diable té ti mouno, li té ka vendo berre pou l'huile. — Bef tini besoin queue à li pou chassé mouches. — Zafaire à grand moune, pas zafaire à ti moune.

Maladies.

Excepté la fièvre jaune, dont je parlerai bientôt, les blancs n'éprouvent pas d'autres maladies dans les Antilles que dans les zones tempérées ; seulement, elles se développent plus facilement et ont une marche beaucoup plus rapide. Ce sont, comme en Europe, des maladies inflammatoires, des fièvres ataxiques, adynamiques, le ténesme, la dyssenterie, la petite vérole, etc. C'est plus ordinairement sur le système nerveux que le climat marque son influence. On est toujours dans un état d'irritation ; on devient irascible et la colère produit dans l'économie animale d'affreux ravages.

Le ténesme et la dyssenterie sont parfois épidémiques et emportent beaucoup de créoles, sur lesquels ils pèsent principalement.

En 1821, la petite vérole se promena partout ; les blancs et les noirs de tout âge en furent atteints. Beaucoup de personnes qui déjà l'avaient eue, et d'enfants qui avaient été vaccinés, n'en furent pas plus épargnés.

C'est pendant l'hivernage, c'est-à-dire depuis le 15 juillet jusqu'au 15 octobre, que les maladies sont le plus meurtrières. Malheur à l'étranger fortement constitué qui aborde, pendant cette saison, sur le rivage des Antilles. A peine a-t-il vu quelques aurores que, tout à coup, il se trouve saisi ou par une fièvre ataxo-adynamique, ou par la fièvre jaune ; et, quels que soient chez lui les efforts de la nature, il succombe quelques jours après l'invasion.

La métastase de l'humeur, de la transpiration ou

de la sueur, quelle qu'en soit la cause, est presque toujours mortelle, aussi bien pour les créoles que pour les étrangers; et s'exposer au vent ou à la pluie, quand on a chaud, sans se donner de mouvement, cela suffit pour produire ce redoutable effet. C'est ce que l'on nomme dans les colonies *un coup d'air*.

La fièvre jaune, si justement redoutée, est quelquefois épidémique, mais n'atteint jamais que les étrangers. Les ravages en sont rapides et innombrables. Le germe ne s'en développe pas tous les ans. En 1816, elle moissonna presque tous les étrangers qui se trouvaient à Saint-Pierre de la Martinique et à la Pointe-à-Pître. Depuis cette époque jusqu'en 1822, je n'ai pas ouï qu'elle ait été épidémique dans cette dernière ville. Elle n'est pas plus funeste ordinairement que cette fièvre ataxo-adynamique qui enlève tant de monde, puisque toutes deux produisent le même effet, la mort. Cependant, on la craint beaucoup plus, apparemment parce que la couleur jaune qu'elle imprime à la peau la fait regarder, par les médecins, comme le résultat d'une cause inconnue et comme une maladie contre laquelle on ne connaît pas de remède spécifique assez énergique; et cette crainte, par l'action que le moral exerce sur le physique, pourrait elle-même devenir une de ses causes prédisposantes et contribuer ainsi à la rendre contagieuse.

Nous ne saurions voir, nous l'avouons, la cause des maladies dans les lésions des propriétés vitales; nous n'y voyons qu'un effet, effet qui est le mal lui-même ; ce trouble, ce désordre dans les forces a nécessairement une cause quelconque. Ce serait insulter à la sagesse du Créateur que de croire que chacune des propriétés qui constituent la vie, pût, pour ainsi dire à son gré et par une volonté aveugle, varier dans son mode d'action ; comme si les conditions de la vie pouvaient d'elles-mêmes devenir des conditions de mort. Mais si cette cause était toute dans l'altération plus ou moins profonde des humeurs, comme tout homme qui raisonne ne peut en disconvenir, et qu'il plût au médecin de l'aller chercher ailleurs, le remède à la fièvre jaune ne serait plus un problème insoluble. On suivrait la marche de la nature; un régime évacuant remplacerait tous ces systèmes de traitement qui, pour le malheur de l'humanité, ne posent sur rien de solide et qui, très-souvent, dans les mêmes cas, changent avec le médecin. Mais alors que deviendraient ces légions de docteurs qui semblent nous tomber des nues chaque année ?

Je m'écarterais de mon plan si j'avais la prétention de traiter ici des matières de médecine ; et d'ailleurs, je ne suis point assez présomptueux pour m'en croire capable. Mais je ne puis m'empêcher de faire quelques réflexions que je crois utiles à quiconque serait tenté de voyager dans les Antilles. Si la fièvre jaune fait tant de ravages, c'est qu'on ne la traite pas comme il faut ; c'est qu'on ne vient point au secours de la nature, en lui aidant à expulser le mal qui l'oppresse. Voici un fait dont j'ai été témoin : M. Broux, adjoint de place à la Basse-Terre et l'un de mes amis, fut atteint de la fièvre jaune à son arrivée en 1815. On le soumit au traitement ordinaire. Il était prêt à succomber, quand la nature, dans ses derniers efforts, fit ce que le médecin se gardait bien de faire : elle l'évacua. Ce malade rendit une quantité prodigieuse de bile et donna soudain des signes de vie. Le médecin, qui l'avait laissé pour mort, se rendit vite auprès de lui et lui donna de nouveaux soins. Sa convalescence fut longue, probablement parce qu'il ne fut pas d'abord assez évacué ; mais depuis cette époque jusqu'en 1822 que je quittai la colonie, M. Broux éprouva, une fois chaque semaine, un vomissement naturel de bile ; et quand ce vomissement retardait, ce qui arrivait rarement, les symptômes de la fièvre jaune reparaissaient pour céder à un autre vomissement qui bientôt avait lieu.

Mais pourquoi, dans la zone torride, les maladies ont-elles, chez les Européens, une marche rapide? On dit ordinairement qu'ils ont le sang trop riche. Il me semble en apercevoir la raison dans la plus grande dilatation des humeurs occasionnées par la vive chaleur qu'on y ressent; dans la plus grande rareté de l'air, qui fait que le sang se trouve moins oxygéné en passant par les poumons; dans les miasmes délétères que la chaleur dégage et que tient en solution l'humidité de l'atmosphère. Les solides n'ont plus la même réaction sur les fluides ainsi dilatés. La plupart des molécules destinées à la nutrition ou au développement des organes ne sont plus soumises à l'action de la vie; les émonctoires ne sont pas assez énergiques pour en débarrasser la machine humaine. N'obéissant plus qu'aux physiques et chimiques, elles fermentent et deviennent la source de toutes les maladies. Et ce qui arrive dans les zones tempérées par l'intempérance, devient dans ces climats l'effet des causes ci-dessus. Si l'homme était assez sage pour ne donner à la nature que ce qu'elle demande, on ne verrait certes point, ou du moins que très-peu de ces maladies qui dépeuplent le monde.

Témoins ces peuplades où le luxe des tables ne pénétra jamais, qui ne se nourrissent uniquement que pour vivre, et qui ignorent jusqu'au nom du médecin. Où l'humanité est-elle moins assiégée de maladies que dans ces contrées de l'Amérique habitées par des sauvages, que dans le nord des deux hémisphères et dans les montagnes de la Suisse ?

Si d'ailleurs l'Européen transporté dans la zone brûlante est déjà surchargé de ces molécules humorales devenues hétérogènes à la vie, avec quelle promptitude, avec quels caractères de malignité ne doivent pas se développer tous les genres de maladie sous l'influence des causes déjà signalées? et que peuvent, contre tant de causes de désorganisation, ce quinquina trop vanté, ces sirops, ces émulsions, ces poudres, ces pilules, dont le médecin accable l'estomac fatigué ? Que demande la nature ? où tendent ses efforts ? N'est-ce pas à se débarrasser de l'ennemi qui la menace ? Les purgatifs sont donc les seuls secours qu'elle réclame. On a beau dire que l'usage des toniques relève les forces vitales ; ces forces ont un terme qu'elles ne peuvent dépasser quoi qu'on fasse. Elles ont été départies aux organes pour produire une action déterminée ; elles ne croîtront pas en proportion que ces délétères se multiplieront ; trop faibles pour triompher dans la lutte, nécessairement elles succomberont. Ces sueurs abondantes, ces autres évacuations qui, contre l'attente du médecin, viennent quelquefois arracher le malheureux malade des bords de la tombe et le rappeler à la vie, ne déposent-elles pas en faveur du système évacuant ? Eh ! plût à Dieu qu'on fût bien persuadé de cette vérité ! la société ne ferait pas les pertes qu'elle essuie tous les jours ! Ce que je puis dire, au reste, c'est que c'est au système évacuant que je dois le bonheur d'être revenu des Antilles sous le ciel propice de ma patrie.

La plupart des créoles sont affectés de dartres qui se manifestent sous différentes formes ; mais comme certains noms propres les effraient, on donne le nom de *feux* à ces dartres, quand elles se présentent sous forme de plaques rouges, et on les appelle boutons de chaleur quand elles prennent la forme de boutons. Quelquefois tout le corps est couvert de ces boutons ; mais c'est principalement sur la poitrine, sur le cou, sur les bras qu'ils se développent. Les étrangers n'en sont pas toujours exempts. L'usage immodéré des aliments salés pourrait bien en être une des causes prédisposantes.

La gale n'est guère plus rare parmi eux que les affections dartreuses. L'usage de se donner la main quand on se rencontre, me mettait souvent fort mal à l'aise. Pourtant, avec quelques précautions, je ne l'ai jamais contractée. Là, comme en Europe, on attache à cette maladie une espèce de honte : en sorte qu'il est des gens assez fous pour la faire rentrer *ou entrer*. J'ai connu des personnes qui ont été victimes de cette imprudence. Il est à croire qu'on la contracte le plus souvent avec les nègres nouveaux (nouvellement arrivés des côtes d'Afrique), qui presque tous en sont couverts. Si l'insecte de la gale n'est pas indigène à toutes les parties du monde, il peut du moins vivre partout.

Excepté la fièvre jaune, les nègres sont affectés des mêmes maladies que les blancs ; mais ils en ont qui leur sont propres. Les plus remarquables parmi celles-ci sont : *les pians, les crabes, le mal d'estomac, et les vers de Guinée.*

Le pian est un gros bouton qui commence comme un clou. Quand il a atteint son maximun de grosseur, il crève et se couvre d'une croûte noirâtre, et a à sa base une foule d'autres petits boutons qui le grossissent plus ou moins. Les pians se développent sur toutes les parties du corps et en assez grand nombre. Il est fort rare qu'un nègre qui en a été fortement affecté, puisse s'en débarrasser entièrement. On cite quelques exemples de blancs qui ont contracté ce mal par un contact impur avec des négresses qui en étaient affectées.

Le crabe est une autre espèce de gros bouton qui ne se développe que sous les pieds. Il jette, en rayonnant, des racines fort saillantes. Ces sortes de racines se fendent, répandent du pus et du sang. Si, après le traitement, il restait une seule racine, le crabe renaîtrait. Ces crabes viennent ordinairement à la suite des pians mal traités.

Le mal d'estomac est une sorte d'atonie totale de ce viscère, auquel les médecins ne connaissent point de remède. Ceux qui en sont atteints meurent tout enflés. On dit que c'est la maladie des fainéants, parce que ces malheureux ne sont susceptibles d'aucun mouvement. On regarde l'indolence et la paresse dans laquelle ils tombent comme la cause de leur maladie, et il est des maîtres assez barbares pour leur faire donner des coups de fouet à dessein de les ranimer. On voit une cause dans ce qui n'est en réalité qu'un effet ; on ne fait pas attention que ce grand foyer de la vie venant à s'éteindre, toute la machine doit s'en ressentir.

Le ver de Guinée est un ver auquel sont sujets les nègres nouveaux; c'est dans les jambes qu'il se forme, ou du moins qu'il se loge. La jambe enfle, puis il se forme une plaie par laquelle le ver se présente. On le roule sur un petit bout de bois, on tourne de temps en temps à mesure que le ver sort, mais doucement pour ne point le rompre. Il faut bien du temps pour ôter ce ver, qui a quelquefois huit à dix aunes de long.

Beaucoup d'indispositions et de maladies qui ne se développent principalement que pendant l'hivernage, telles que des inflammations intestinales, des dyssenteries, des ténesmes, etc., pourraient bien être occasionnées par la mauvaise qualité que les eaux acquièrent alors. Les chaleurs étant beaucoup plus vives, comme on le verra plus loin, doivent dégager beaucoup plus de miasmes que dans toute autre saison. Les pluies dissolvent ces miasmes, les entraînent dans leur chute, et comme ce sont ces eaux qui remplissent les rivières et les ravins où l'on va la puiser pour boire et pour les autres usages de la vie, elles pourraient bien occasionner ces désordres dans l'économie animale.

Il est d'expérience que pour se bien porter dans nos colonies des Antilles, ou du moins pour n'y être point atteint de ces graves maladies qui presque toujours y sont mortelles, il faut éviter tout exercice qui exige de grands mouvements; ne point s'exposer trop longtemps à l'ardeur du soleil; changer de linge, quand, après avoir sué, on sent qu'on se refroidit, et prendre dans ce cas un petit verre de rhum, ou se mettre de suite en mouvement; ne faire aucun excès dans le boire et dans le manger; être très-scrupuleux sur l'usage des liqueurs fortes et des vins spiritueux; modérer ses passions; ne point se laisser aller au chagrin; se promener dans les hauteurs, le matin principalement; ne point prolonger ses veilles dans la nuit, et surtout se purger souvent. Tel est le régime que j'ai constamment suivi, et je n'ai point eu lieu de m'en repentir.

Ce dernier moyen, que je regarde avec quelque raison, peut-être, comme le remède à tous les maux, est aussi le plus sûr préservatif. Si les étrangers qui viennent se fixer, qui ne font même que passer dans les colonies, y avaient recours, certes la mort n'en moissonnerait pas tant. Ce moyen, néanmoins, est le plus négligé dans le traitement des maladies, par la faute des médecins. Saigner, appliquer les sangsues, donner à grande dose le quinquina, faire observer une diète débilitante, ordonner des bains tièdes, voilà tout ce qu'ils savent faire. Leurs malades sont quelquefois quinze ou vingt jours sans aller à la selle, et meurent sans que le docteur leur ait seulement débarrassé les premières voies. Qu'on est à plaindre de tomber entre leurs mains ! Il est de vieux nègres, de vieilles négresses qui se mêlent d'exercer l'art de guérir ; ils emploient des simples, des laxatifs, ils font, comme ils disent, couler la bile. On n'y fait pas attention : c'est une classe d'êtres qu'on méprise trop pour cela. Il est vrai qu'ils n'ont point été nourris des leçons de la docte académie, et pourtant, ils sont plus heureux, dans les résultats, que les enfants d'Esculape. Quelques Européens qui n'ont jamais eu d'autres secours que ceux de ces bons vieux noirs, sont revenus bien portants dans leur patrie, tandis que ceux qui se livrent avec trop de confiance aux docteurs, ne les quittent ordinairement que pour descendre dans la tombe.

Je ne terminerai pas ce chapitre sans parler des

brillants succès qu'obtint, dans les colonies, le purgatif du célèbre Leroy.

Ce fut en 1820 que l'usage en fut presque général. Les habitants traitaient eux-mêmes leurs nègres et les sauvaient dans tous les cas où, d'ordinaire, la science du médecin échouait. Il n'y avait personne qui, en suivant exactement la méthode Leroy, ne se trouvât ou guéri, ou sensiblement soulagé; maladies aiguës, affections chroniques, tout cédait à l'action énergique de ce médicament puissant. Les pharmacies étaient presque abandonnées; on ne voulait plus voir dans les médecins que des chirurgiens. Frappés eux-mêmes des prodiges que faisait éclore ce précieux remède, les médecins ne pouvaient s'empêcher d'avouer son efficacité. Mais, pour soutenir l'honneur du corps et ne point laisser tarir la source de leurs richesses, ils niaient qu'on pût l'administrer dans tous les cas. Ils s'autorisaient de quelques imprudences commises par des personnes qui n'étaient rien moins qu'exactes à suivre la marche prescrite, des personnes qui, sans calculer les suites des choses, abusent de tout.

Je citerai quelques-uns de ces cas, afin qu'on puisse juger de quel poids ils peuvent être contre un médicament si généralement et si justement vanté.

M. Hurel, âgé de soixante-neuf ans, était atteint d'une dyssenterie si opiniâtre, que les médecins avaient en vain épuisé, à son égard, toutes les ressources de leur art. Il se détermina à prendre le purgatif de M. Leroy. Ce purgatif fit cesser entièrement cette maladie et le guérit même d'hémorroïdes dont il souffrait beaucoup. Tout à fait bien portant, M. Hurel prend encore une dose de ce purgatif pour balayer, disait-il, le reste de ses mauvaises humeurs. L'effet en était terminé à neuf heures du matin. Il monte alors, par un temps pluvieux, à une habitation qu'il avait dans les hauteurs du Matouba; il redescend, pour dîner, à deux heures. Pressé par la faim, il mange presque un gigot de mouton (les moutons des colonies sont plus petits que ceux d'Europe), une forte salade de laitue (toutes les crudités sont proscrites), boit du cidre et du vin en proportion, puis va se promener. Vers cinq heures, il se sent malade, perd l'usage de ses sens, et vomit. Son épouse, effrayée, fait venir M. Chopitre, chirurgien-major de l'hôpital militaire de la Basse-Terre, qui lui fait deux saignées, et, huit ou dix heures après, le malade expire. Je le demande à toute personne judicieuse, est-ce la médecine Leroy qui l'a tué ?

M. Souque, habitant du morne à Houel, donne le purgatif à un de ses nègres, qui touchait à son dernier moment par l'effet d'une fluxion de poitrine. Ce purgatif l'avait presque guéri. Se sentant mieux, ce nègre se gorge d'ignames et s'expose à la pluie ; il a une rechute et meurt. Est-ce encore le purgatif qui l'a tué ?

Je défie toute la faculté de citer un seul cas où les prétendues victimes du purgatif n'aient pas commis quelque grave imprudence.

Une chose m'étonne singulièrement, c'est que tous les médecins se bornent à crier dans les salons contre le système de M. Leroy et contre l'usage de ses médicaments, et qu'aucun n'ait pris à tâche de le réfuter par quelque écrit solide. Quoi ! messieurs les philanthropes, un docteur ose publier un système qui sape les fondements de votre art, et vous ne vous élevez pas contre la fausseté de ses principes ! Vous avez son livre entre les mains, et vous ne le combattez pas page par page ! vous ne foudroyez pas un ouvrage qui ne vous représente que comme des charlatans ? Où donc est votre humanité ? Si son système n'est qu'un tissu d'erreurs et son purgatif un poison subtil, pourquoi n'éclairez-vous pas le monde sur une chose qui le touche de si près ? Vous aurez beau dire que M. Leroy est un fou ; à moins que vous ne le prouviez par de bonnes raisons, quiconque a lu son ouvrage, ne le pourra pas croire uniquement parce que vous le dites.

Ciel de la Guadeloupe.

J'ai déjà donné une idée du beau ciel de la zone torride. Mais autre chose est de le considérer au loin, sur la plaine de l'Océan, ou de ne le voir que dans le voisinage des terres. Ici il est beaucoup plus nuageux, beaucoup plus sombre, parce que les montagnes semblent exercer sur les nuages et sur les vapeurs une force attractive qui les accumule dans leurs environs. Ainsi, tandis qu'on est plongé dans une atmosphère épaisse et humide, ou qu'on est pénétré par une petite pluie continuelle, on voit les rayons brillants du soleil se réfléchir sur la surface tremblante des eaux. Souvent même, dans les hauteurs, la pluie tombe deux jours de suite sans discontinuer, tandis qu'on jouit du plus beau temps sur les bords de la mer.

L'état du ciel à la Guadeloupe varie selon bien

des causes. Je le considérerai sous le rapport de trois saisons distinctes : la saison des sécheresses, la saison des orages, la saison des pluies.

La saison des sécheresses comprend les mois de mars, d'avril, de mai, de juin.

La saison des orages comprend ceux de juillet, d'août, de septembre et d'octobre.

Les quatre autres mois forment la saison des pluies.

Durant la première saison, le ciel est plus serein. Les nuages sont ordinairement blancs, élevés, peu nombreux. Les montagnes laissent voir plus souvent leurs cimes. Les pluies sont beaucoup moins fréquentes et beaucoup moins abondantes; ce ne sont que de légères averses qui ne durent qu'un moment. L'air est moins humide, très-rarement troublé par de gros vents. Les étoiles semblent briller d'un plus pur éclat. Cette saison est la plus constante; c'est elle qui offre les plus longues suites de beaux jours. C'est aussi celle que le voyageur doit choisir pour parcourir les montagnes, les bois, le lit des rivières.

Dans la saison des orages, qu'on appelle hivernage, le ciel est souvent très-beau; quelquefois l'œil ne découvre pas un seul petit nuage dans toute son étendue; mais rien de plus variable alors que l'état de l'atmosphère. Un léger nuage blanc paraît à l'horizon, il s'élève, s'étend, grossit en prenant une teinte bleuâtre, s'approche, couvre bientôt l'île tout entière, ou une partie seulement, et verse la pluie par torrents. Les rivières grossissent soudain, arrachent, entraînent tout ce qui se trouve sur leurs bords; les villes, les campagnes sont inondées. Ce déluge dure huit ou dix minutes, quelquefois plus, le nuage se dissipe et, tout à coup, le beau temps renaît. Ou bien de gros nuages bleus, fortement électrisés, flottent dans une atmosphère tranquille, viennent lentement se réunir vers le centre de l'île, s'étendent comme un vaste pavillon et lancent, avec un fracas horrible, mille foudres renfermées dans leur sein. Quelquefois le ciel s'obscurcit de toutes parts; il se forme deux couches de gros nuages gris. Les oiseaux n'ont plus qu'un vol incertain, triste avant-coureur d'un ouragan. L'air s'ébranle, les vents se déchaînent, bouleversent toute la surface de l'île, et dans un instant font perdre au planteur le fruit d'une année de pénibles travaux. Aux ravages des vents toujours une pluie diluviale vient mêler les siens. Souvent, à ce redoutable fléau, s'en joint un autre plus redoutable encore : la terre se balance sur ses fondements, comme pour s'abîmer dans les immenses profondeurs de l'Océan ; les édifices s'écroulent et ensevelissent sous leurs ruines de malheureuses victimes.

La saison des pluies est aussi celle des gros vents. Ce n'est pas qu'on ait encore à craindre des ouragans ; mais c'est que le vent d'est, qui règne toute l'année, souffle dans cette saison beaucoup plus fort. Le ciel, dans ce temps, n'est jamais constamment beau ; il est toujours plus ou moins chargé de gros nuages grisâtres ; les pluies sont très-fréquentes ; elles tombent longtemps, mais avec beaucoup moins de force et d'intensité que pendant l'hivernage. L'air est souvent humide. Le ciel reste quelquefois plusieurs jours de suite entièrement couvert. Les montagnes sont presque toujours enveloppées de ces gros nuages gris, aussi est-ce la saison la plus favorable à l'Européen qui veut aborder au rivage de la Guadeloupe, parce qu'il a le temps de s'acclimater avant les funestes chaleurs de l'hivernage.

L'Européen ne peut se faire une idée de ces pluies diluviales, quelquefois si fréquentes pendant l'hivernage. Souvent deux hommes ne se voient point à dix pas l'un de l'autre. On ne saurait se défendre d'une sorte de frayeur, et il faut être accoutumé à voir ce phénomène pour n'être point épouvanté. Parapluie, manteau, tout moyen ordinaire de préservation est inutile. Les animaux eux-mêmes sont frappés de crainte. Il m'est arrivé plus d'une fois d'être surpris par ces pluies en voyageant dans l'intérieur. Le cheval qui me portait s'arrêtait tout à coup, tremblait de tous ses membres, et il m'était impossible de le faire avancer; j'étais obligé de descendre. Si mes occupations me l'eussent permis, j'aurais tenté des expériences propres à faire connaître la quantité qui tombe, dans une de ces averses, sur une surface donnée; mais le temps m'a toujours manqué pour faire des expériences suivies et de longues observations.

Quelquefois l'air est saturé d'humidité, sans que, pour cela, il perde beaucoup de sa transparence, et que la couleur bleue qu'il réfléchit soit très-sensiblement altérée. J'ai vu l'arc-en-ciel se tracer sur un ciel sans nuages et en apparence fort pur. Cet état de l'atmosphère présage presque toujours des pluies abondantes ou de gros vents. C'est surtout pendant l'hivernage qu'on remarque cet état de l'air.

Il n'y a jamais de brouillards à la Guadeloupe, mais souvent, pendant la saison des pluies, le ciel est couvert d'une couche de nuages gris, étendus, bas, touchant à la terre, qui laissent échapper une petite pluie fine qui dure quelquefois un jour entier. On est alors dans les nuages.

Assez ordinairement, pendant l'hivernage, on voit flotter, dans le voisinage des montagnes, depuis onze heures du matin jusqu'à deux heures du soir, de gros nuages bleus, orageux. Les personnes dont le système nerveux est délicat, en sont sensiblement affectées. Elles éprouvent un malaise général; elles sentent une grande pesanteur dans tous les membres et une sorte de douleur dans la région épigastrique.

Les météores ignés sont beaucoup plus rares qu'on n'aurait lieu de le penser, dans ces contrées où l'on voit tant de débris volcaniques, même des volcans en activité. On n'en a vu qu'un dans l'espace de six ans que j'ai demeuré à la Guadeloupe. C'était le 23 octobre 1817, à cinq heures quarante-cinq minutes du soir; le soleil se plongeait dans l'Océan, toute la partie occidentale du ciel était semée de beaux nuages diversement colorés; au milieu de ces nuages brillants parut tout à coup, assez près de l'horizon, une longue traînée de lumière. Cette inflammation de gaz fut accompagnée de trois fortes détonations semblables à des coups de canon, et à cette vive lumière succéda une vapeur blanche qui dura plus d'un quart d'heure.

Les orages ne font quelquefois que passer; mais souvent aussi ils durent vingt-quatre heures, et plus, sans discontinuer. Ils ont alors quelque chose d'effrayant. Tout tremble à chaque coup de tonnerre, et les échos des montagnes, en répétant le bruit de ces terribles explosions, doublent l'effroi dont on est saisi. Quelquefois, durant ces orages, il ne tombe pas une goutte de pluie, et d'autres fois elle se précipite en torrents. La foudre tombe très-souvent dans les hauteurs, mais principalement sur le sommet de la Soufrière. On voit dans ce dernier lieu des masses énormes de lave qu'elle a fondues et laissées toutes noires.

Pendant la saison des sécheresses, les montagnes sont assez ordinairement visibles. Elles ne sont couvertes de nuages que par intervalles, et il n'est guère de jours que la Soufrière ne se laisse voir plus ou moins longtemps. Il arrive même que, pendant plusieurs jours de suite, on n'y aperçoit pas la plus légère vapeur. Pendant l'hivernage, leur état est inconstant comme celui du ciel ; il change d'une heure à l'autre. Tantôt de gros nuages orageux posent sur leurs cimes, tantôt elles en sont tout à fait environnées. Quelquefois il y pleut abondamment, d'autres fois elles sont entièrement découvertes, ou bien seulement de légers nuages blancs en dérobent, pendant quelques instants, les sommets à la vue. Mais, pendant la saison des pluies, elles sont presque toujours cachées dans de gros nuages grisâtres. Si elles se laissent apercevoir, ce n'est qu'à de courts intervalles; et souvent, pendant des semaines entières, l'œil les chercherait en vain.

Rien n'est moins rare que de voir des trombes marines dans le canal des Saintes, pendant les mois de janvier, de février et de mars. J'en ai vu dix dans la seule journée du 26 janvier 1822. J'étais alors aux Trois-Rivières, chez M. de Gondrecourt, dont l'habitation domine entièrement le canal. Je les examinai avec une bonne lunette. Tout le monde sait qu'une trombe présente un cône renversé, dont la base tient au nuage et dont le sommet est tourné vers la terre. Mais je cherchais à voir ce qui n'est pas toujours visible, le prolongement du sommet jusqu'à la surface de la mer.

Ce prolongement ne me sembla qu'un fil très-délié, à l'extrémité duquel on voyait bouillonner la mer. Ces trombes ne disparaissaient que quand les nuages fondaient en pluie. Vers trois heures, il passa un gros nuage bleuâtre qui en portait cinq.

Je joins ici un petit tableau que j'ai extrait de mes observations, et que je crois de quelque utilité pour donner une idée générale du temps qu'on éprouve à la Guadeloupe.

ANNÉES.	JOURS				
	pluvieux.	très-beaux, secs, presque sans nuages.	incertains, nuageux, sans pluie.	orageux, sans pluie.	orageux, avec pluie.
1818	177	80	56	8	44
1819	223	88	23	3	28
1820	211	92	27	5	31
1821	105	116	19	7	29

Par jours pluvieux, je n'entends pas seulement des jours entièrement pluvieux ; mais je mets de ce nombre tous ceux où il a plu, soit que la pluie ait duré longtemps, soit qu'elle n'ait été qu'instantanée.

Ouragans.

Rien n'est plus effrayant ni plus redoutable qu'un ouragan; et, à moins qu'on n'ait été témoin de ses fureurs et de ses ravages, il est absolument impossible de s'en faire une juste idée.

C'est presque toujours après de vives et longues chaleurs qu'un ouragan a lieu; aussi n'en voit-on jamais que pendant l'hivernage. Il est des signes avant-coureurs auxquels on ne saurait se méprendre. Quelques jours avant, le ciel est couvert de gros nuages gris, la température varie, l'air éprouve des secousses plus ou moins fortes; enfin les nuages se rassemblent de toutes parts et forment deux couches bien sensibles. Les hautes régions de l'atmosphère s'agitent; on voit passer des oiseaux étrangers qui suivent la direction du vent. Ceux du pays voltigent çà et là et comme à l'aventure. Les vents se déchaînent ordinairement de la partie de l'est, décrivent, dans leur plus grande force, une demi-circonférence en allant par le sud; arrivés à l'ouest, ils s'apaisent peu à peu jusqu'à ce qu'ils soient revenus au point d'où ils sont partis. Un ouragan dure six, douze, seize, quelquefois vingt-quatre heures. Le vent souffle alors par rafales auxquelles rien ne résiste.

Je rapporterai des faits qui sembleront impossibles et que moi-même je n'eusse pu croire, si l'on ne m'en avait offert des preuves incontestables, si des témoins dignes de foi ne m'en eussent attesté la certitude. Mais avant, je vais donner une idée de l'ouragan, trop malheureusement fameux, qu'on essuya à la Guadeloupe le 1er septembre 1821, et dont je fus témoin.

Depuis quelques jours, le thermomètre de Réaumur marquait à midi, à l'ombre, 25° à 25° 30' ; le 31 août, il marquait 26°. Pendant tout le jour, le ciel fut constamment nuageux, il tomba même plusieurs grosses averses. A huit heures du soir, le ciel était assez peu nuageux ; mais les étoiles ne brillaient que d'un éclat sombre, ce qui annonçait que l'air était plein d'humidité ; le thermomètre marquait alors 24° 20' ; rien ne présageait encore les malheurs qui, quinze heures plus tard, devaient faire verser tant de larmes et causer tant d'effroi.

Le 1er septembre, à six heures du matin, les montagnes étaient entièrement cachées dans de gros nuages bleuâtres ; le ciel était fort nuageux, les nuages bleuâtres, bas, étendus, l'air très-humide. Il tonnait, depuis plus d'une heure, dans l'est. Le thermomètre marquait 23° 15', à huit heures le thermomètre était à 24° 15′ et le baromètre marquait 28 p. 2 l. 1/2 ; vers neuf heures, tout le ciel était obscurci. Il se forme deux couches de nuages, dont la plus basse court rapidement de l'est à l'ouest. Les oiseaux rasent la terre d'un vol incertain ; la cime des cocotiers, plantés sur les hauteurs, s'incline vers la terre. Tout annonce un ouragan, on le craint pour la nuit prochaine. A dix heures, le baromètre ne soutenait plus que 27 p. 6 l. ; cependant, un des plus terribles ouragans se formait. Vers onze heures enfin, le vent déploie tout à coup sa fureur : les toits, les volets, les portes volent de toutes parts ; des arbres d'une grosseur prodigieuse sont déracinés et emportés au loin ; d'autres, que des maisons abritent, sont seulement dépouillés de leurs branches, qui remplissent l'air. Un déluge de pluie obscurcit le jour, transforme les rues en autant de rivières, et inonde les cours et les appartements bas. Le fracas horrible du vent qui arrache, brise, emporte tout ce qui lui oppose quelque résistance, glace d'épouvante et d'effroi l'âme de tous les habitants. On se croit au dernier terme de sa vie. Pâles, défigurés, on ne se regarde qu'avec une sorte de stupeur ; éperdu, on court à l'aventure, de salle en salle, de chambre en chambre, pour chercher un lieu de refuge ; on n'en trouve nulle part. Tout plie sous l'effort du vent ; tout tremble, tout présente aux regards épouvantés l'image affreuse d'une mort violente et inévitable.

Deux des plus terribles secousses de tremblement de terre viennent mêler leurs ravages avec ceux du vent. De longs écroulements se font entendre. Dans le trouble de l'imagination, on croit voir l'effet d'une éruption volcanique ; on craint ou que la colonie tout entière ne s'abîme dans le sein des eaux, ou que des torrents de matières embrasées, se précipitant des montagnes, ne viennent tout à coup couvrir la ville de leurs ondes brûlantes.

Quoique le temps annonçait un ouragan, on ne pensait pas qu'il dût éclater si vite. Chacun se hâtait d'aller à ses affaires, avant que de se renfermer chez soi. Nos domestiques étaient tous sortis. J'étais seul capable, dans cette conjoncture critique, de prendre les précautions qu'exigeait la prudence ; mais je ne pouvais suffire à tout. Déjà j'étais au désespoir quand, fort heureusement, je vis passer un des esclaves d'une dame de ma connaissance, qui courait à toutes jambes pour s'aller mettre à l'abri. Je le fis entrer, il m'aida à barricader nos portes et nos fenêtres. Les verrous ne suffisant pas, nous les consolidâmes comme nous pûmes avec de fortes planches que nous clouâmes dessus dans divers sens. Deux fois je fus obligé de monter au grenier pour y prendre des choses qui nous étaient nécessaires, et deux fois je vis la couverture tout entière se soulever ; je frissonnais de crainte d'être écrasé sous sa masse.

. . . .

Malgré le soin que nous avions pris de tripler toutes les fermetures, nous eûmes, dans le fort de la tempête, une porte toute neuve d'enfoncée, une cloison de l'intérieur de la maison renversée, presque toutes les essentes du toit emportées. Chambres, cabinets, salles, galeries, tout fut inondé. Les meubles flottaient dans les appartements du rez-de-chaussée. Pas un matelas de sec pour nous reposer la nuit prochaine, à peine même trouvâmes-nous du linge pour changer.

Il n'y avait pas une heure que l'ouragan avait commencé que, tout à coup, sa fougue se calma; mais loin de rassurer les esprits, ce calme redoubla la frayeur dont ils étaient pénétrés. Il semblait présager une rafale plus violente encore. Cependant il se soutient, la pluie cesse. Vers deux heures de l'après-midi, je me détermine à entr'ouvrir le volet d'une petite fenêtre exposée à l'ouest : je remarque que la couche inférieure des nuages est rompue ; vite je cours porter cette heureuse nouvelle à ma petite famille, que j'avais logée dans une cave. L'espérance renaît dans nos cœurs ; nous bénissons le ciel de nous avoir conservé la vie.

Dès que l'eau qui remplissait les rues fut écoulée, je sortis pour voir les dégâts que la ville avait éprouvés ; mais, ô Dieu ! quel spectacle offrit à mes yeux cette cité malheureuse ! Les rues n'étaient couvertes que de toits renversés et de débris de maisons écroulées ; d'arbres déracinés et de branches plus ou moins grosses que le vent avait apportées des hauteurs. Ici de petits enfants pleuraient une tendre mère ensevelie sous des ruines ; là, on entendait les cris perçants d'infortunés blessés qui sollicitaient du secours. Partout des désastres, des gémissements et des pleurs. Quatorze personnes de tuées, quarante de blessées ; quatre-vingt-huit maisons écroulées, deux cent vingt autres fortement endommagées, parmi lesquelles on compte l'hôpital neuf, le grand magasin de l'arsenal, la maison du génie, le palais de justice, le greffe, l'hôtel du gouvernement. Voilà à peu près quels furent les tristes résultats de ce terrible ouragan pour la ville. Les environs ne furent pas mieux traités.

La pluie tombait avec tant de force et d'abondance, elle se brisait sur les toits avec une telle violence, que, du haut du morne Belle-Vue au Maraval, qui domine entièrement la ville, on n'apercevait pas une seule maison. Le vallon offrait l'aspect d'un lac d'écume.

Dans son débordement, la rivière aux Herbes avait emporté le pont de Versailles, près le chemin de Desmarais, et enlevé la digue qui conduit l'eau au réservoir d'où elle se distribue dans les canaux de la ville. Elle s'était élevée jusqu'à la clef du pont aux Herbes, et avait débordé devant le poste militaire, pour se rendre à la mer par l'ancien marché.

La mer n'était pas, à beaucoup près, aussi furieuse que je l'avais vue plusieurs fois dans des ras de marée. Cependant deux bateaux et une pirogue, qui se trouvaient en rade, sombrèrent. Quelques matelots se sauvèrent, les autres périrent.

Dans les campagnes, presque toutes les habitations et les manufactures qui se trouvaient sur la ligne du vent, furent plus ou moins endommagées. Partout les cotonniers, les cannes à sucre, les bananiers, le manioc, tous les vivres furent ravagés. Dans beaucoup d'endroits, les cafiers furent emportés. Partout on ne voyait que des arbres de toute grosseur renversés ou seulement penchés, mais dépouillés de leur feuillage et de leurs branches; que des débris de cases à nègre transportés au loin dans les champs. Les torrents, grossis par la pluie, avaient roulé, avec une impétuosité extrême, des fragments énormes de roches, déraciné des arbres que, jusque-là, ils avaient respectés, inondé des campagnes au niveau desquelles leurs flots tumultueux ne s'étaient jamais élevés. Partout on ne voyait que ruine et dévastation.

Un de mes amis, habitant du Palmiste, plateau majestueux qui domine la sombre vallée du Dos-d'Ane et les riches campagnes qui avoisinent la Basse-Terre, était dehors au moment où l'ouragan commença. Il m'a dit que tout à coup l'air fut rempli de paille, de feuilles, de branches d'arbre de diverses grosseurs, de planches, de débris de toits, et que jamais il n'avait vu d'image aussi affreuse.

Tout différent de ceux qu'on éprouve ordinairement, ce trop fameux ouragan suivit une ligne droite de l'est à l'ouest, et n'occupa qu'une très-petite largeur. Il passa par Marie-Galante, où il fit de grands dégâts, et ne ravagea bien que la partie méridionale de la Guadeloupe, depuis le Trou-Chien, à l'extrémité est du quartier des Trois-Rivières, jusqu'au quartier des habitants sous le vent de la Basse-Terre. Dans les hauteurs du Matouba, à deux lieues au nord de la ville, on n'en fut point atteint. M. le comte de Lardenoy, gouverneur de la colonie, y était alors avec toute sa suite, et il ne put croire la triste nouvelle des malheurs qu'avait essuyés la ville. Cet événement lui sembla si extraordinaire, qu'aussitôt il descendit pour se convaincre par ses yeux, et tendre une main secourable aux infortunés qui avaient souffert quelque perte. Les plus vieux habitants, blancs ou noirs, s'accordaient à dire qu'ils n'avaient jamais vu d'ouragan éclater avec tant de violence, qui, dans si peu de temps, eût causé tant de ravage et eût offert la singulière circonstance de se calmer tout à coup. Si cet ouragan eût duré une heure de plus, ou s'il eût varié dans sa direction, tout eût été indubitablement perdu, parce que tout était ébranlé de manière à céder à une seconde rafale.

Quelquefois un ouragan se fait sentir fort loin et occupe un très-vaste théâtre. En 1819, le 21 septembre, nous éprouvâmes à la Guadeloupe un coup de vent, ouragan léger qui ne laissa pas de faire bien des ravages dans les campagnes. Des averses épouvantables avaient inondé la ville et fait déborder les torrents dans certains endroits. Jamais on n'avait vu passer tant d'oiseaux étrangers. La mer, effroyablement grosse, lançait ses vagues irritées jusque sur le Cour de la Basse-Terre et menaçait de tout engloutir. L'aspect du ciel et la fureur de l'Océan annonçaient bien que, dans des parages peu éloignés, le vent déployait une force beaucoup supérieure à celle qu'il exerçait contre nous. En effet, quelques jours après, on reçut de diverses colonies des nouvelles officielles sur les désastres qu'il avait causé dans ce jour trop mémorable.

Je transcrirai ici ces divers détails pour satisfaire la curiosité du lecteur et lui faire comprendre jusqu'où peuvent s'étendre ces terribles phénomènes.

« *De Saint-Martin.*

» Vous recevrez avec peine le rapport de
» l'événement malheureux qui vient de frapper la
» partie française de l'île de Saint-Martin, et qui
» d'une jolie colonie vient d'en faire un séjour de
» deuil et de la plus grande misère.

» Le 21 de ce mois (septembre), à huit
» heures du matin, le vent, soufflant de la partie
» du nord, nous annonçait, non pas une tour-
» mente, mais un coup de vent semblable à ceux
» que l'on avait coutume d'éprouver annuellement
» dans ces petites îles. Le vent augmenta consi-
» dérablement depuis cette heure jusqu'à midi,
» se tenant toujours à la même partie, avec
» penchant vers l'ouest; le baromètre marquait
» alors la plus affreuse tempête. Des précautions
» furent prises par les habitants du bourg Mari-
» got pour assurer et barrer leurs maisons; moi-
» même, après en avoir fait autant et mis ma
» comptabilité en sûreté, autant que possible, je
» me rendis chez le commandant; il était alors
» une heure. Peu de temps après mon arrivée chez
» lui, le devant de sa maison fut enfoncé par le
» vent qui avait passé à l'ouest-nord-ouest, et la
» mer gagna impétueusement le bourg. A quatre
» heures, la mer avait tout à fait établi son cours
» avec l'étang, et quatre pieds d'eau étaient dans
» les rues. Plusieurs maisons avaient été déjà en-
» levées par ce torrent et conduites, comme par
» miracle, de l'autre côté de l'étang, proche des
» pièces de cannes. Tout annonçait enfin que la
» langue de sable qui nous sépare d'avec l'étang
» allait se rompre par le fort courant de la mer,

» et que les maisons qui résistaient encore à l'im-
» pétuosité du vent devaient s'écrouler sur leurs
» fondations. Les cris, les pleurs, les gémisse-
» ments des personnes qui se trouvaient au milieu
» de l'eau et dont les maisons venaient d'être en-
» levées, auraient déconcerté l'homme le plus
» courageux et du plus grand sang-froid. Cepen-
» dant, c'est un éloge que nous devons rendre à
» M. Jean Lousteau, neveu de M. Larrendouette,
» qui, n'écoutant que son courage et son bon
» cœur, courut au secours de la famille Southoulht,
» qui venait de perdre sa maison, et retira du
» milieu des eaux le mari, la femme et un petit
» enfant en bas âge, qui se tenaient à un poteau.
» Il secourut après M. le procureur du roi, qui
» venait d'éprouver le même malheur et était dans
» la même situation.

» C'est au milieu d'une pareille tourmente que
» nous avons passé la nuit la plus affreuse qu'on
» puisse imaginer. Enfin, sur les cinq heures du
» matin, le vent s'étant un peu abaissé, le jour
» vint éclairer les horreurs de la nuit, et nous ne
» vîmes que sable et débris dans les rues du Ma-
» rigot. Sur soixante à soixante-dix maisons, dix-
» neuf seulement sont restées en place, mais for-
» tement endommagées dans leurs couvertures et

» fondations. La mienne est dans ce cas. On a
» également trouvé noyées, sur notre plage, trois
» femmes du bourg et sept ou huit personnes de
» Simpson-Baie, partie hollandaise.

» Les nouvelles que nous avons reçues le 22,
» au matin, de la campagne, sont déplorables.
» De trente-deux habitations sucreries, une seule,
» appartenant à Mme veuve Durat, a conservé sa
» sucrerie et sa rhummerie. Celle de M. John
» Hodge a été à moitié enlevée; toutes les autres
» ont été détruites. Il y avait en outre trente habi-
» tations en savanes qui ont éprouvé le même
» sort; bestiaux et bâtiments, tout a été anéanti.

» Les habitations de la campagne, qui pou-
» vaient seules nous procurer quelques ressources,
» ayant tout perdu, jusqu'aux vivres qui étaient
» en terre et dans les magasins, il a fallu prendre
» des mesures, afin qu'après avoir échappé à
» l'ouragan, la famine ne vînt pas aggraver
» notre situation. C'est pourquoi M. le comman-
» dant et moi avons fait fouiller les décombres
» des magasins particuliers pour en sauver et
» retirer la quantité de quarante-sept boucauts
» de farine de maïs et trente-cinq barils de farine
» de froment et de seigle, qui ont été mis sous

» la surveillance du gouvernement, afin d'en
» éviter la dilapidation et la sortie de la colonie.

» Après avoir rempli cette première tâche, il
» en était une autre aussi urgente, c'était de pour-
» voir à la subsistance des pauvres des bourgs
» Marigot et Grande-Case, qui sont en grand
» nombre et qui se composent de propriétaires
» qui n'avaient pour toute ressource que le produit
» des loyers des maisons qu'ils ont perdues; d'ou-
» vriers qui avaient encore une maison pour ca-
» cher leur misère et abriter leur famille; de
» journaliers et de pêcheurs qui ont perdu filets
» et barques. Le bureau de bienfaisance a été
» chargé d'établir une liste des plus malheureux,
» et cent trente-huit personnes reçoivent les pre-
» miers secours, à raison d'une livre de pain par
» jour; mais la caisse de bienfaisance n'est pas
» en état de continuer longtemps cette dépense.

» Les maisons du fort sont tombées ainsi que la
» poudrière. La poudre est perdue. »

« *De Saint-Barthélemy, même date.*

» Saint-Barthélemy a beaucoup souffert, et, tant
» à la ville qu'à la campagne, trois cents maisons

» ont été abattues. Heureusement cette île a des
» vivres ; mais M. le gouverneur suédois vient de
» défendre, en conseil, l'exportation des farines,
» et notre situation (des habitants de Saint-
» Martin) réclame les plus prompts secours pour
» cet article. »

« *De Saint-Thomas*, 24 *septembre* 1819.

» C'est avec regret que nous nous sommes
» chargé d'annoncer un événement aussi déplo-
» rable que le coup de vent que nous avons éprouvé
» les 21 et 22 de ce mois.

» Pendant toute la journée du 21, le temps
» menaça constamment d'un prochain ouragan.
» En conséquence, toutes les précautions que
» peut suggérer la prudence humaine furent prises
» par les maîtres des bâtiments mouillés dans notre
» port, pour les mettre à l'abri de ses effets dé-
» structeurs ; mais l'événement en a malheureu-
» sement prouvé l'inutilité. Dans la soirée du 21,
» le vent commença à souffler avec une grande
» violence de la partie nord-nord-ouest. Bientôt,
» la pluie tomba par torrents et continua, sans
» interruption, pendant toute la durée de l'ouragan.
» Le 22, depuis une heure du matin jusqu'à quatre,

» la bourrasque était dans sa plus grande force, et
» d'une violence telle, que les plus anciens habi-
» tants de notre île ne se souviennent pas d'en
» avoir vu de pareille. Le vent passait, par inter-
» valles, de l'ouest-nord-ouest au sud-ouest.

» Au point du jour, le vent s'étant un peu calmé,
» la ville et le port présentèrent le spectacle le plus
» déchirant que l'on puisse imaginer. Toutes les
» clôtures ont été détruites ; plusieurs maisons
» découvertes et quelques-unes entièrement ren-
» versées. Tous les quais sont fortement endom-
» magés, et beaucoup ont été emportés. Quand le
» vent fut suffisamment apaisé et que les torrents
» de pluie eurent cessé d'obscurcir l'atmosphère,
» alors nous découvrîmes toute l'étendue de nos
» pertes. De tous les nombreux bâtiments qui
» flottaient dans notre port le 21 au matin, pas
» un seul n'a échappé à l'ouragan, excepté le
» vaisseau de S. M. Britannique le *Salisbury*,
» amiral Campbell, qui avait beaucoup dérivé de
» sa position, le bâtiment danois *Doris*, la goëlette
» danoise *Patriot*, et deux bateaux.

» Toute la côte, à l'extrémité sud-est du port,
» est totalement couverte de bâtiments naufragés,
» et il est à croire que très-peu seront en état

» d'être relevés. Ce qu'il y a de plus déplorable, » c'est qu'un grand nombre ont coulé bas, et » cette circonstance nous fait appréhender que » beaucoup de personnes n'aient péri, outre » toutes celles déjà si nombreuses dont la mort a » été constatée.

» Nous voudrions pouvoir terminer ici le récit » affligeant de nos désastres ; mais malheureu- » sement l'ouragan n'a point borné ses effets à la » mer. Nous apprenons de la campagne que toutes » les plantations et les bâtiments, sur presque » toutes les habitations de l'île, ont souffert consi- » dérablement. Plusieurs ont été totalement em- » portés par le vent. Sur quelques habitations, » des nègres ont été tués ; ce qui, joint à la des- » truction des cannes, a détruit tout l'espoir de » la récolte prochaine. Il est impossible d'estimer » la perte que notre malheureuse colonie vient » d'essuyer.

» La totalité des bâtiments de différentes nations » jetés à la côte, est de soixante-seize plus » vingt-six caboteurs.

» Tortole et Saint-Jean ont souffert considéra- » blement. A Tortole, presque toute la ville a été

» détruite, et beaucoup de personnes ont perdu la
» vie. Au nombre des morts se trouvent l'hono-
» rable R. Hetherington, écuyer, président de cette
» colonie, ainsi que M. Hill. »

« *De la Martinique, même date.*

» Nous venons d'essuyer un ras de marée qui a
» commencé lundi dans la soirée, et a continué
» jusqu'à ce jour, le vent soufflant principa-
» lement du nord-ouest, mais sans beaucoup de
» violence. Les dommages qui en ont été la suite
» se bornent à cinq bâtiments jetés à la côte et le
» brick américain *Hariot*, de Wilmington, qui s'est
» totalement brisé. »

Voilà donc un ouragan qui, dans le même moment, porte la terreur, le ravage et la mort, sur une étendue connue de plus de cent lieues ! et qui pourrait dire jusqu'à quelle distance il exerça sa rage sur la plaine immense des eaux ? Quelles variations de température dans les diverses régions de l'atmosphère, quels vides, quelle influence électrique ne faut-il pas pour produire un tel bouleversement dans un fluide si éminemment élastique ! Ces causes ordinaires agiraient-elles seules dans un ouragan ? Les volcans ne joueraient-ils point aussi un rôle dans ces phénomènes redoutables? Car pourquoi, dans le voisinage de ces laboratoires brûlants, les ouragans sont-ils plus fréquents et plus terribles que partout ailleurs? Si nos simples foyers déterminent toujours un courant d'air, ceux de la nature ne pourraient-ils pas en déterminer aussi?

Le 15 octobre de la même année, on éprouva à Sainte-Lucie un ouragan terrible, mais qui concentra ses effets sur cette colonie. La Martinique n'essuya point de dégâts. A la Guadeloupe, l'état du ciel et de la mer, un fort gros vent d'est, donnèrent des craintes. La pluie tomba en torrents pendant tout le jour. A minuit trente-cinq minutes, on avait ressenti une très-forte secousse de tremblement de terre, suivie d'une ondulation qui dura plus de deux minutes; cette secousse avait formé des crevasses en plusieurs endroits du sol et lézardé de très-fortes murailles.

Voici ce que nous apprenons d'officiel sur les malheurs qui accablèrent Sainte-Lucie :

« Il serait trop long et difficile de faire une
» peinture exacte des malheurs dont cette île vient
» d'être frappée par l'ouragan dernier. Nous n'a-

» vons pu nous procurer que des renseignements
» épars qui, par leur authenticité, suffiront ce-
» pendant pour pénétrer d'un sentiment pénible et
» profond, et présenter d'une manière parlante
» l'état des habitants, plongés plus que jamais
» dans la gêne et dans l'impossibilité de se relever
» et d'acquitter de sitôt leurs créances.

» Les pluies, dans la nuit du 14 au 15 courant
» (octobre), ont été si abondantes qu'elles ont
» transformé en torrents les ruisseaux et les riviè-
» res de l'île, qui se sont élevés à vingt et trente
» pieds au-dessus de leur niveau, ont changé leur
» cours, et, dans leur impétuosité, ont occasionné
» l'éboulement de masses prodigieuses qui ont
» couvert ou ravagé les plantations en emportant
» les bâtiments, nègres et bestiaux. Presque par-
» tout les chemins sont encombrés d'arbres, de
» débris, et sont devenus impraticables. Les chau-
» dières du volcan de la Soufrière ont été ob-
» struées par l'éboulement des terres et ont fait
» craindre quelque explosion; mais, par l'action
» seule de leur fermentation, elles se sont déga-
» gées. Les habitations de MM. Peter Muter,
» François Cénac, Dugard Turgis, Zenou Lever-
» rier, Cléret, Mme Desruisseaux, ne présentent
» plus que des amas de décombres, de sable et

» de roches, au lieu de fabriques et de récoltes.
» Une partie des nègres et des bestiaux ont été
» enfouis sous les ruines ou entraînés par les
» eaux.

» M. Janus Muter a fait des pertes considérables
» en nègres, mulets, bêtes à cornes, plantations
» et magasins. L'habitation Marquis a beaucoup
» souffert. MM. de la Balmondière, Cornibert-
» Duboulet, Ravenau, Vilet, Hérelle, Vitalis,
» Allary, Roche-Ruprès, Deveaux, Philippe, Dubo-
» cage, Tharel, Jore Sainte-Catherine, Longueville,
» l'habitation Beaujour, etc., etc., etc., ont éprouvé
» des dommages très-graves. Peu d'endroits, en un
» mot, ont échappé aux fureurs de l'ouragan, dont
» nous ne donnons qu'une esquisse, et dont les
» détails seraient affreux. Sur tous les points, les
» vivres de terre ont été détruits. »

« *Sainte-Lucie.*

» Proclamation de son Excellence sir John Keane,
» gouverneur, vice-amiral, etc.

» Considérant les suites de l'orage épouvantable
» qui a duré les 13, 14 et 15 de ce mois (octo-
» bre 1819), et où le vent et la pluie ont produit

» les événements les plus désastreux ; considérant
» plus spécialement encore les résultats déplo-
» rables des torrents descendus des montagnes et
» les débordements subits et sans exemples des
» rivières qui, non-seulement ont détruit tous les
» vivres du pays, sur toute l'étendue de la
» colonie, mais ont en même temps couvert et
» entraîné des champs entiers de denrées colo-
» niales, et dans plusieurs quartiers des bâtiments,
» des manufactures et même des esclaves ; et ayant
» de plus vérifié par moi-même, dans les quartiers
» les plus voisins, les pertes extraordinaires et
» inouïes éprouvées par tout ce qui habite la co-
» lonie en général, mais plus particulièrement par
» les planteurs, qui non-seulement ont été privés
» des moyens de nourrir les esclaves, d'après la
» destruction totale des vivres du pays, mais
» ont en même temps été frappés de la manière
» la plus cruelle dans leurs espérances à l'égard
» de la récolte prochaine, qui, en général, éprou-
» vera partout la diminution la plus grave, et à
» plusieurs égards sera entièrement perdue ;

» Considérant en outre le long intervalle qu'exi-
» gent les plantations à faire en vivres du pays,
» avant d'être rétablies en quantité suffisante pour
» assurer la subsistance de la population des

» esclaves, et la nécessité, d'après cet état de
» chose, de faciliter par toutes les voies possibles
» l'introduction des subsistances dans la colonie,
» et de soulager le planteur autant qu'il est en
» moi, en lui donnant la faculté de se procurer
» les comestibles qui lui sont nécessaires, par la
» réunion des moyens que le désastre dont il a
» été victime a pu lui laisser encore.... Il a été
» résolu par moi que le port de Castries sera ouvert
» aux bâtiments de toute nation amie de la Grande-
» Bretagne, etc., etc. »

On pourra juger de la force du vent par quelques faits particuliers que j'ai recueillis, et dont je ne crains point de garantir la certitude d'après les preuves qu'on m'en a données à moi-même. Dans l'ouragan de 1740, qui ravagea entièrement la Guadeloupe, beaucoup de personnes perdirent la vie; une seule maison des Trois-Rivières resta debout. Une habitante de ce quartier, dont j'ai perdu le nom, sortait de sa maison qui s'écroulait, emportant dans ses bras un jeune enfant : le vent lui enleva ce doux objet de sa tendresse et le lança à plus de quarante pas de là contre une branche d'acajou qu'il venait de rompre; ce malheureux enfant y resta transpercé et y expira sans qu'on ait osé ou qu'on ait pu lui porter du secours.

Mme Belleville la mère, morte en 1821, âgée de plus de quatre-vingt-seize ans, qui se rappelait parfaitement l'horreur de ce jour, fut témoin de ce triste et douloureux événement.

A la baie Mahaud, chez MM. Berville, la fougue du vent et l'impétuosité de la mer poussèrent dans une pièce de cannes, à plus de soixante pas du rivage, mais sur un terrain presque horizontal, un brick tout chargé.

A la Cape-Terre, chez Mme de Ligny, mère de M. de Gondrecourt, qui m'a raconté le fait, un nègre fut emporté dans l'air, par le vent, à une distance de plus de deux cents pas, et retomba sur la case à bagasses, parce qu'alors la rafale faiblit.

Dans le même ouragan, des platines à farine, qui étaient posées à plat dans la savane de Mme de Ligny, furent enlevées et transportées par le vent à plus de quatre cents pas du lieu où elles étaient. Ces platines sont de fonte, de forme circulaire, ayant au moins trois pieds de diamètre et à peu près un pouce et demi d'épaisseur.

L'ouragan de 1796 ne le céda pas en force à celui de 1740, comme on va le voir par le fait suivant, dont fut témoin M. de Gondrecourt, qui me l'a raconté, et qui n'était pas homme à en imposer.

M. le chevalier de Maupertuis, habitant du quartier Sainte-Anne, à la Grande-Terre, avait fait construire, à grands frais, une case à ouragan. Il avait pris toutes les précautions imaginables pour rendre cette case susceptible de résister aux efforts du vent le plus impétueux. Elle renfermait un carré de douze pieds de côté; elle était tout entière de bois incorruptible. Les piliers des angles avaient un pied d'équarrissage, les poteaux n'étaient distants les uns des autres que d'un pied; ils étaient liés par des branches de fer; tous ces poteaux, de douze pieds de hauteur, étaient solidement maçonnés en terre jusqu'à moitié de leur hauteur. Ce bâtiment était garni en dehors par de forts madriers. Il semblerait, en effet, que dans une case semblable, on pût se croire en sûreté et braver, pour ainsi dire, les fureurs de la tempête; eh bien, ce pavillon fut tordu par l'ouragan de 1796, qui ne put l'enlever!

Température.

La latitude de la Guadeloupe semblerait annoncer une température beaucoup plus élevée encore que celle qu'on y éprouve réellement, parce qu'une légère brise de mer vient presque continuellement rafraîchir l'atmosphère. Je vais donner quelques résultats de mes observations qui pourront satisfaire la curiosité à cet égard.

J'eus soin de placer mon thermomètre de Réaumur de manière qu'il ne fût que le moins possible influencé par le calorique réfléchi. Je le suspendis dans un cabinet dont la fenêtre était exposée à l'est, et de manière que le vent ne le pût frapper directement. Les jalousies, toujours fermées, ne permettaient point aux rayons du soleil d'y pénétrer, et écartaient en grande partie ceux que les corps environnants pouvaient réfléchir. Je faisais ordinairement mes observations à six heures du matin, à midi et à huit heures du soir.

La température varie souvent d'un moment à l'autre. Dans un beau jour, un nuage qui dérobe le soleil pendant quelques instants, peut faire baisser le thermomètre de plusieurs degrés, surtout s'il fait du vent. Une légère averse produit le même effet, ensuite l'instrument remonte au même point.

La température varie encore selon les lieux.

Dans les hauteurs, elle est toujours moins élevée. Quelquefois, elle est insupportable dans les vallons et dans les endroits bas. En y descendant, au soir d'un beau jour, on croit se plonger dans un bain de vapeur ou entrer dans une étuve.

En général, la température varie plus le midi que le matin et le soir ; c'est-à-dire que la différence de température d'un midi à l'autre est plus grande que celle d'un matin ou d'un soir à l'autre. L'excédant de température, à midi, venant de la présence du soleil sur l'horizon, l'état de l'atmosphère, qui varie sans cesse, produit sans doute cette différence. Ce qui le fait croire, c'est que la température, à midi, est plus constante dans les mois de novembre, décembre, janvier, qui sont les mois les plus froids, que dans ceux de juillet, août et septembre, qui sont les plus chauds.

La justesse des observations que j'ai consignées dans les tableaux suivants est incontestable, appuyée surtout sur une durée de quatre années, à trois expériences par jour. Elle pourrait donc servir de point de comparaison aux astronomes qui manqueraient de données positives sur ce sujet, qui a bien son utilité.

TEMPÉRATURE MOYENNE.

ANNÉES.	MOIS.	HEURES DU JOUR.		
		6 H. DU M.	MIDI.	8 H. DU S.
1818	Janvier. . .	17°40'	22°33'	21°10'
	Février. . .	19 30	22 5	20 45
	Mars. . . .	20 32	22 40	21 35
	Avril. . . .	21 20	24 8	22 45
	Mai.	22 50	24 40	23 40
	Juin. . . .	22 55	24 45	23 52 30"
	Juillet. . .	23 5	24 40	23 47 30
	Août. . . .	23 10	25 15	24 15
	Septembre.	22 50	25 20	23 25
	Octobre. . .	22	24 22 30"	23 2
	Novembre.	22 55	23 55	22 50
	Décembre.	20 32 30"	23 "	21 40
1819	Janvier. . .	19 30	21 55	20 45
	Février. . .	19 25	22 7 38	20 20
	Mars. . . .	19 25	22 35	20 10
	Avril. . . .	21 7 30	23 25	21 32 30
	Mai.	21 55	24 32 30	23
	Juin. . . .	23 7 30	24 50	23 40
	Juillet. . .	23 15	24 45	23 40
	Août. . . .	23 10	24 45	23 7 30

TEMPÉRATURE MOYENNE.

ANNÉES.	MOIS.	HEURES DU JOUR.		
		6 H. DU M.	MIDI.	8 H. DU S.
1819	Septembre.	22° 30'	24° 45'	23° 40'
	Octobre.. .	22 30	24 25	23 10
	Novembre.	20 45	23 25	22
	Décembre.	20 15	23 10	21 45
1820	Janvier. . .	20	22 25	21 10
	Février. . .	19 40	21 35	20 35
	Mars. . . .	18 50	22 55	21
	Avril. . . .	21 7 30"	23 55	22 15
	Mai.	22 7 30	24 55	23 35
	Juin. . . .	22 30	24 50	23 30
	Juillet. . .	22 10	25	23 45
	Août. . . .	22 32 30	25	23 50
	Septembre.	22	24 20	23 20
	Octobre.. .	21 35	24 15	23 15
	Novembre.	20 45	23 47 30"	22 25
	Décembre.	20 25	23 10	22
1821	Janvier. . .	19 20	21 34	20 33 30"
	Février. . .	18 45	21 50	20 30
	Mars. . . .	19 40	23 20	21 45
	Avril. . . .	20 40	23 45	22 15

TEMPÉRATURE MOYENNE.				
		HEURES DU JOUR.		
ANNÉES.	MOIS.	6 H. DU M.	MIDI.	8 H. DU S.
1821	Mai. . . .	21° 30'	24° 15'	22° 55'
	Juin. . . .	22 40	24 45	23 40
	Juillet. . .	23 2 30"	25 15	23 55
	Août. . . .	23 30	25	24
	Septembre.	23	24 17 30"	23 30
	Octobre. .	22 50	25	23 30
	Novembre.	21 55	24 15	23 5
	Décembre.	Mes observations à la Basse-Terre cessent ici.		

Quoique je n'aie point fait mes observations à la ville durant le mois de décembre 1821, d'après les résultats que j'ai obtenus de celles que j'ai faites aux Trois-Rivières, lieu plus frais que la Basse-Terre, j'ose presque affirmer que la température n'a point été plus basse que je ne la donne ici, dans les tableaux qui vont suivre. J'ai apporté à leur confection la même exactitude, la même minutie qu'aux précédents, et ma manière de procéder a été semblable, puisque j'ai toujours opéré sur les quatre années 1818, 19, 20 et 21.

MAXIMUM DE TEMPÉRATURE.			
ANNÉES.	HEURES DU JOUR.		
	6 H. DU M.	MIDI.	8 H. DU S.
1818	24° les 6 et 12 août. les 1, 2, 13 et 19 septembre.	26° 40' le 13 septembre.	25° le 21 août.
1819	24° le 27 juin et le 2 juillet.	26° 30' le 3 septembre.	25° le 3 septembre.
1820	23° 20' le 5 août.	26° 30' le 12 septembre.	25° le 12 septembre.
1821	24° 30' le 10 août.	26° 30' le 10 août.	25° 50' le 9 août.

Après avoir consigné les différentes phases de la moyenne et de la haute température, je vais, pour mieux établir l'échelle de proportion, joindre ici un troisième cadre, celui de la température la plus basse.

MINIMUM DE TEMPÉRATURE.

ANNÉES.	HEURES DU JOUR.		
	6 H. DU M.	MIDI.	8 H. DU S.
1818	17° le 3 janvier.	21° 30' les 9 et 15 févr.	19° 30' le 24 janvier.
1819	18° le 14 mars.	21° les 21 et 23 janv.	19° le 14 mars.
1820	17° le 12 mars.	20° 30' le 18 février.	19° 30' les 17 et 18 févr.
1821	17° 30' le 14 février.	21° les 1, 2 et 13 février.	19° 30' le 13 février.

J'arrêterais bien là l'exposé de mes petits travaux astronomiques, mais comme j'ai rarement vu de semblables détails dans tous les livres des voyageurs qui ont écrit sur la Guadeloupe, je vais donner encore le résumé de quelques observations que j'ai faites à l'ombre, dans mon cabinet, sur la marche du thermomètre.

QUANTIÈME.	HEURES DU JOUR.	ÉLÉVATION DU THERMOMÈTRE.	ÉTAT DU CIEL.
le 17 septembre 1818.	10 h. du m.	24°	Ciel très-peu nuageux jusqu'à 2 heures après midi, ensuite fort nuageux.
	11 h.	24 40'	
	midi.	25	
	1 h. du s.	25 20	
	2 h.	25 50	
	3 h.	25 40	
	4 h.	25 30	
	5 h.	25 15	
	6 h.	25	
	7 h.	24 40	
	8 h.	23	
le 18 septembre 1818.	10 h. du m.	24	Ciel plus ou moins nuageux.
	midi.	25	
	1 h. du s.	25 15	
	2 h.	25 30	
	4 h.	25	
le 20 septembre 1818.	8 h. du m.	23 30	Ciel plus ou moins nuageux.
	10 h.	23 50	
	11 h.	24 20	
	midi.	24 50	
	2 h. du s.	25 20	
	4 h.	25 50	

QUANTIÈME.	HEURES DU JOUR.	ÉLÉVATION DU THERMOMÈTRE.	ÉTAT DU CIEL.
le 21 septembre 1818.	6 h. du m.	23° 40'	Ciel fort nuageux, temps orageux.
	10 h.	23	
	11 h.	23 30	
	midi.	24	
	2 h. du s.	23 40	
	4 h.	23	
	5 h.	23 15	
	6 h.	24 10	
le 21 juillet 1820	midi.	24 30	Ciel peu nuageux.
	2 h. du s.	25	
	3 h.	25 40	
	5 h.	25	
	8 h.	24 30	
le 26 août 1820.	midi.	25 20	Ciel peu nuageux.
	2 h. du s.	25 50	
	3 h.	26	
	5 h.	25	
	8 h.	24 30	
le 10 septembre 1820.	midi.	25 50	Ciel très-peu nuageux, vent d'est fort.
	2 h. du s.	26 15	
	4 h.	26	
	6 h.	25 30	
	8 h.	24 50	

Pour terminer ce chapitre, je vais donner le résultat de mes observations sur la marche du thermomètre exposé au soleil. Je suspendais cet instrument à une chaise, dans une galerie ouverte au sud-ouest.

QUANTIÈME.	HEURES DU JOUR.	ÉLÉVATION DU THERM.	ÉTAT DU CIEL.	OBSERVATIONS PARTICULIÈRES
22 mars 1818.	midi.	47° 15'	nuageux.	
20 septembre 1818.	midi.	47	nuageux.	
30 janvier 1820	2 h. du s. 2 h. 1/2. 2 h. 55'. 3 h.	48 51 15 50 30 50 15	beau ciel.	
10 février 1820.	2 h. du s. 2 h. 1/2. 2 h. 50'	44 48 30 48	nuageux.	Un nuage blanc dérobe le soleil 2 m. et le thermomètre baisse de 2° 20.
20 février 1820.	2 h. du s. 2 h. 15. 2 h. 40. 2 h. 45. 2 h. 50.	46 15 49 51 40 51 50 51 30	Très-peu nuageux, vent d'est assez fort.	

QUANTIÈME.	HEURES DU JOUR.	ÉLÉVATION DU THERM.	ÉTAT DU CIEL.	OBSERVATIONS PARTICULIÈRES
20 février 1820.	2 h. 55'. 3 h.	51° 50		
2 mars 1820.	2 h. dus. 2 h. 15. 2 h. 30. 2 h. 40.	35 38 30 41 38	Ciel semé de légers nuages.	Un nuage blanc dérobe le soleil 2' et le thermomètre baisse de 5° 30'.

Ras de marée. — Tremblements de terre.

Une agitation extraordinaire de la mer est ce qu'on appelle ras de marée. C'est particulièrement pendant l'hivernage que ce phénomène a lieu. Quelquefois l'Océan n'est troublé qu'à sa surface, et son agitation ne s'étend qu'à une médiocre profondeur. Cet effet alors est dû ou à de gros vents continuels ou à un ouragan. D'autres fois, les abîmes de la mer semblent être émus jusque dans leur plus grande profondeur; toute la masse des eaux est bouleversée : c'est alors un ras de marée *de fond*. L'Océan ébranche, arrache tout ce qui revêt ses vallons et ses rochers; il lance jusque sur le rivage des masses entières de madrépores, des polypiers de toute espèce, des lianes de mer, des coquilles, des laves, enfin tout ce qui peut charmer les regards du curieux amant de la nature. Mais malheur aux bâtiments qui s'approchent trop près des côtes ou qui se trouvent à l'ancre dans une rade peu sûre ; il leur est bien difficile, pour ne pas dire impossible, d'éviter le naufrage.

Les flux et reflux ne sont pas sensibles sur le rivage de la Guadeloupe non plus que sur celui des Antilles en général ; en sorte qu'un ras de marée offre toujours une image terrible aux regards des habitants de ces belles et riches contrées.

C'est pendant la saison des sécheresses et pendant l'hivernage que les tremblements de terre se font sentir ; mais rarement ils ont lieu pendant la saison des pluies.

Si ces phénomènes redoutables ont leur cause dans les résultats de la décomposition de l'eau par les sulfures, on sent qu'en effet ce n'est guère dans cette dernière saison qu'ils doivent avoir lieu. L'eau ne pénètre pas tout de suite, en grande abondance, dans les réservoirs souterrains, et puis le dégagement des gaz ne s'opère qu'assez lentement.

Quelques personnes ont remarqué, entre autres M. Marre, membre du conseil de la Guadeloupe, victime infortunée de la révolution française, que quelques minutes avant un tremblement de terre, la mer faisait entendre un mugissement extraordinaire de ses eaux, mugissement qui semblait suivre la direction du sud au nord. C'est du quartier des Trois-Rivières et sur le canal des Saintes qu'on a fait cette remarque. Annoncerait-elle une communication du volcan de la Guadeloupe avec ceux de la Dominique, qui se trouve à peu près au sud-est de la Guadeloupe ?....

Les tremblements de terre sont beaucoup plus fréquents et ordinairement plus forts à la Grande-Terre qu'à la Guadeloupe proprement dite ; probablement parce que les gaz et les vapeurs trouvent plus d'issues dans celle-ci que dans celle-là.

Il est quelquefois facile de prédire un tremblement de terre. Quelques jours avant, la Soufrière fume beaucoup moins qu'à l'ordinaire, ou ne fume que par intervalles ; les chaleurs sont plus vives. Le jour même où il se fait sentir, l'air est calme ; on ne sent pas le plus léger zéphyr ; les nuages semblent être immobiles et pourtant se dirigent vers la Soufrière ; les personnes délicates ressentent une sorte de malaise tout différent de celui qu'elles éprouvent dans des jours orageux.

Je joins ici le tableau des tremblements de terre qu'on a ressentis à la Guadeloupe proprement dite, pendant mon séjour dans cette colonie.

ANNÉES.	JOURS DU MOIS	HEURES.	SECOUSSES.	OBSERVATIONS PARTICULIÈRES
1818	6 mars	11 h. du s.	3 faibles secousses	
	15 d°	10 h. 6.	3 faibles secousses	
	27 d°	9 h. 4.	1 forte secousse.	
	25 avr.	8 h. 37.	1 forte secousse.	
1819	8 mai.	2 h. 15 du m.	1 légère secousse.	
	15 oct.	0 h. 35.	1 forte secousse	Suivie d'une ondulation qui dure près de 2'; de fortes murailles ont été fendues; à Bouillante, on a entendu un mugissement extraordinaire de la mer
1820	15 juill.	1 h. du s.	1 faible secousse.	
	14 sep.	vers minuit.	1 faible secousse.	
	16 d°	8 h. 1/2 du s. 9 h. 3/4. minuit.	3 fortes secousses.	Ces secousses se font par ondulations dans la direction approchée du sud-est au nord-ouest; celle de 9 h. 3/4 fut la plus forte.

ANNÉES.	JOURS DU MOIS	HEURES.	SECOUSSES.	OBSERVATIONS PARTICULIÈRES
1820	20 sep.	10 h. du s.	1 faible secousse.	
	16 oct.	vers 1 h.	1 forte secousse.	Elle a fait fendre beaucoup de maçonnerie, principalement à la Pointe-à-Pitre.
	21 d°	2 h. du m.	1 légère secousse.	
	25 d°	6 h. 7 du s.	1 forte secousse.	
1821	17 août	vers minuit.	1 forte secousse.	C'est peut-être autant à ces secousses qu'on doit les écroulements de ce jour trop mémorable, qu'à la fureur du vent.
	1er sep.	11 h. 1/4 du m. 11 h. 1/2.	2 fortes secousses.	
	5 d°	11 h. 10 h. du s.	2 fortes secousses.	
	9 d°	1 h.	1 forte secousse.	
	17 d°	1 h. 1/2.	1 forte secousse.	
	18 d°	vers minuit.	1 forte secousse.	Elle a fait fendre le gâble de l'église des Trois-Rivières.

Géologie de la Guadeloupe.

J'ai dit, dans un des chapitres précédents, que la Guadeloupe est divisée en deux parties inégales par la rivière Salée. Ces deux parties sont tout à fait distinctes sous les rapports géologiques ; je vais tracer rapidement leur différence.

Le sol de la Grande-Terre est, généralement parlant, bas et plat. On y trouve cependant des mornes assez élevés. On n'en a jamais sondé l'intérieur, en y pratiquant des puits profonds, pour s'assurer de la nature et de l'arrangement des différentes couches qui peuvent le former ; et l'on n'a guère examiné, jusqu'ici, que la superficie, où l'on n'a trouvé que du calcaire ; encore remarque-t-on, dans la disposition des débris de coquilles et de pierres qui composent les élévations, un mélange, une confusion, un désordre qu'on ne peut attribuer qu'à des mouvements extraordinaires, comme à de violentes secousses de tremblement de terre, peut-être à des actions plus immédiates des volcans, puisque, presque partout, on y trouve des produits volcaniques. Ce désordre, je l'ai remarqué à la Pointe-à-Pitre, dans le sein du morne de la Victoire, qu'on aplanissait alors.

Les roches calcaires de la Grande-Terre sont d'un blanc sale et tirant sur le jaune. Elles renferment des madrépores, des plantes, des coquilles à différents états d'altération, même des poissons pétrifiés saisis dans une pâte très-dure.

En 1807, sous le gouvernement du général

Ernouf, on trouva, dit-on, ce que je me garde bien de raconter comme chose incontestable, on trouva, dis-je, sur le rivage du Moule, un bloc de pierre calcaire très-dure, renfermant un squelette humain. Ce bloc fut détaché avec soin et transporté à la Basse-Terre. Humerus, côtes, colonne vertébrale, femur, tibias, tout était assez bien conservé; il ne lui manquait que la tête. On dit que les bons et simples créoles accouraient en foule, s'imaginant voir un homme privé seulement de la vie, et que, ne trouvant dans ce morceau précieux qu'une *pierre ordinaire*, ils plaisantaient aux dépens des naturalistes qui, partout, ne voient que du merveilleux. Ce bloc resta longtemps dans le parc du gouvernement. L'amiral Cochrane, à son arrivée dans la colonie, s'en empara et l'envoya à Londres; il me semble qu'une telle pièce, qui eût été l'unique, eût fait du bruit dans le monde savant. Je pense qu'on s'est mépris.

M. de Buffon, d'après le P. Labat, a dit dans le premier volume de son *Histoire naturelle*, « Que la Grande-Terre ne fut, dans les siècles » passés, qu'un haut fond rempli de plantes » à chaux qui, ayant beaucoup crû, ont rem- » pli les vides qui étaient entre elles, occupés » par l'eau, ont enfin haussé le terrain et obligé

» l'eau à se retirer et à laisser à sec toute la
» superficie. »

Je respecte infiniment l'autorité du grand et illustre naturaliste, mais ici j'aurais beaucoup de peine à admettre son opinion. D'abord, on ne conçoit pas bien comment un haut fond d'une si vaste étendue aurait pu se former auprès de la Guadeloupe, ni comment, en général, ce phénomène pourrait avoir lieu dans l'archipel Américain, où l'on rencontre tant de courants opposés et où les flux et reflux de la mer sont nuls, ou du moins insensibles. Si parce que le sol de la Grande-Terre est ou semble être entièrement calcaire, malgré les produits volcaniques qu'on y trouve sur presque tous les points, on la regarde comme un haut fond exhaussé par l'accroissement des *plantes à chaux*, quelles raisons donnera-t-on pour ne pas ranger dans la même classe les îles de Marie-Galante, de la Désirade, la Barboude, la Radonde, Curaçao, etc., qui sont de la même nature? La chaîne des Antilles ne sera donc formée, en grande partie, que de hauts fonds. On conçoit qu'il se forme ou qu'il puisse se former des hauts fonds dans le voisinage des grandes terres, à l'embouchure des grandes rivières, on en a mille exemples épars sur la surface du globe, mais que la Grande-Terre ait été ainsi formée, c'est ce que ne pourrait croire que très-difficilement quiconque a vu le désordre et la confusion qu'offre partout son sol. On ne reconnaît point là la marche ordinaire de la nature dans ces sortes d'opérations. Pourquoi, d'ailleurs, la mer en se retirant n'aurait-elle pas rempli de son sédiment les vides qu'on trouve dans les quartiers de l'Anse-Bertrand, du Moule, et ailleurs ?...

D'autres ont cru voir dans la formation de la Grande-Terre une action des volcans sous-marins. Cette idée s'accorde assez avec le mélange confus du calcaire et du volcanique, qu'on trouve à la surface et dans le sein des mornes mêmes ; mais pourquoi faire intervenir ici les volcans sous-marins, quand les volcans ordinaires peuvent eux-mêmes avoir produit les phénomènes dont il s'agit ? J'éclaircirai plus loin cette idée. D'ailleurs, ne pourrait-on pas rapporter à la même origine les îles de Saint-Barthélemy, de Saint-Thomas, de Saint-Christophe, de Monserrat, des Saintes, de Saint-Eustache, dont le sol offre pareillement le mélange du calcaire et du volcanique ? Je serais porté à regarder la Grande-Terre, qui a été détachée de la Guadeloupe proprement dite, à laquelle elle tient par la base, ainsi que toutes les îles calcaires des Antilles, comme les restes d'une partie du continent qui aurait été abîmée par l'action dévastatrice des volcans.

Le sol de la Guadeloupe proprement dite est entièrement volcanique. Ce n'est qu'un amas immense de débris divers qui tous ont subi, à différentes époques, l'action terrible des feux souterrains. Partout où le géologue porte ses pas, il n'aperçoit que des laves plus ou moins compactes, diversement colorées, en plus ou moins grandes masses, des scories, des ponces, de la pouzzolane, des tuffeaux, des sables et d'autres matières élaborées dans le sein des volcans. En vain y chercherait-il des couches calcaires. Tout y est bouleversé, confondu.

Trois groupes de volcans bien séparés se partagent la partie méridionale de la Guadeloupe. Le plus imposant est, sans doute, celui de la Soufrière. Il comprend la Soufrière, volcan dont le sommet, élevé de sept cent quatre-vingt-dix-neuf toises au-dessus du niveau de la mer, brûle encore, et dont je donnerai plus loin une idée ; le volcan du morne de la Madeleine, la plus grosse montagne de l'île ; celui du morne Mitan, qui se rattache immédiatement à la Soufrière, dont il n'est séparé que par un abîme étroit et profond ; celui enfin du morne de la Citerne. Le cratère de ce dernier est parfaitement bien conservé ; l'ouverture en est à peu près circulaire. On y pénètre avec peu de difficulté jusqu'à une profondeur perpendiculaire de cent à cent trente mètres, où l'on trouve un étang formé par l'eau des pluies et dont on n'a pas encore pu mesurer la profondeur.

Le second groupe est celui du Houelmont, au sud de la Soufrière ; il est isolé et renfermé entre la rivière des Galions, le chemin des Trois-Rivières, la vallée du Dos-d'Ane et la mer.

Le troisième est celui des Deux-Mamelles, au nord-ouest de la Soufrière. C'est de lui que sortirent très-probablement les grands courants de lave qui couvrent la partie occidentale de l'île. Toute la partie septentrionale, quoique également volcanique, semble être d'une origine beaucoup plus antique et ne devoir rien aux volcans que je viens d'indiquer ; on n'y trouve aucun cratère auquel on puisse rapporter les divers courants de lave qui la composent. Tout y est dans un état extrême d'altération.

C'est au pied des escarpements, dans les

cavernes, dans les crevasses et dans les fentes, dans le lit des rivières et sur le bord des fontaines qu'on va ordinairement étudier la nature du sol. Partout, à quelque profondeur que ce soit, on ne trouve que des produits volcaniques.

Les escarpements offrent tantôt un mélange confus de sables, de laves en petits fragments plus ou moins altérés, diversement colorés par des oxydes métalliques, de roches énormes offrant l'aspect de granits gris cendré, semés de points noirs ou rouges ou vert jaunâtre, renfermant souvent dans leur sein du soufre cristallisé. Ces roches sont très-nombreuses et s'y trouvent sous toutes sortes de figures, plus irrégulières les unes que les autres. Tantôt les escarpements montrent une substance altérée qu'on prendrait ou pour du porphyre ou pour de beau marbre veiné; cette singularité se voit à la Goyave, au Petit-Bourg, à la baie Mahaut. Ici ils n'offrent que des sables, des graviers de diverses couleurs. Là une espèce de terre grasse, rouge ou jaunâtre, ou grise, ou tirant sur le violet. En allant de la Basse-Terre aux Trois-Rivières, on voit sur la route, précisément à l'endroit où elle se détourne à droite, en face le camp Saint-Charles, un petit escarpement qui offre plusieurs couches de gravier. Ces couches n'ont pas plus d'un pied d'épaisseur ; elles forment des ondulations et sont superposées dans l'ordre suivant : gravier blanchâtre, gravier gris très-foncé, terre rouge, gravier gris, terre rouge, terre végétale. Un peu plus loin, le même morne n'offre qu'une terre grasse, rouge au-dessous de l'humus.

Dans un escarpement situé sur la rive droite de la rivière, presque en face Versailles, escarpement qui, du niveau de l'eau à son sommet, a bien trente à trente-quatre mètres de hauteur, j'ai trouvé un objet vraiment curieux. En cherchant quelques échantillons de lave, j'aperçus un très-petit corps qui me parut extraordinaire ; je le dégageai un peu avec un marteau, mais ce corps m'opposa beaucoup plus de résistance que je n'en attendais de sa part. Bientôt je reconnus que c'était un morceau de bois qui avait subi l'action du feu. Un marteau n'étant pas suffisant, j'eus recours, le lendemain, à un long ciseau, et je parvins enfin à le dégager de manière à le mouvoir; mais je ne le pus avoir tout entier, parce qu'il devenait de plus en plus gros, à mesure qu'il était plus profondément enfoncé dans les laves, et qu'il ne présentait qu'une pointe à l'extérieur. En l'agitant, je jugeai qu'il pouvait avoir trois ou quatre pieds de longueur, qu'il était situé horizontalement; j'en rompis avec effort un morceau, que je conserve encore dans mon cabinet. Ce bois, charbonné à la surface et dans une épaisseur de deux à trois lignes, est rouge très-foncé dans son intérieur, bien conservé, et je le crois être du courbaril ; il aura été indubitablement entraîné par un torrent de lave brûlante.

Le lit des rivières n'est rempli que de ces roches énormes dont j'ai parlé. Les eaux ayant entraîné les graviers, les cendres, les ponces, les tuffeaux qui couvraient ou soutenaient ces roches, les ont mises à découvert. C'est là qu'on peut se faire une idée de l'immense quantité qu'en renferme une étendue donnée.

Ces roches ne se trouvent pas seulement dans l'intérieur du sol, la surface en offre presque à chaque pas. Aux Trois-Rivières, et principalement sur les habitations Venture, Belleville, Roussel, Philippon, de Gondrecourt et du Querry, on en trouve des amas énormes ; j'en ai mesuré une, entre autres, qui avait près de quatre cents pieds de solidité. Sur l'habitation Roussel, il en est une qui produit le son d'une grosse cloche cassée, quand on frappe dessus. Curieux d'en voir l'intérieur, j'avais formé le dessein de la miner ; mais la mort de Mme Roussel, qui avait tant de droits à mon respect et qui a emporté mes sincères regrets, ne m'a pas permis de le réaliser.

Toutes ces roches, dont le nombre et la grosseur étonnaient l'imagination, toutes ces matières qui composent le sol et qui s'étendent dans la mer jusqu'à une distance encore inconnue, seraient-elles bien sorties des volcans de la Guadeloupe? Pourrait-on bien croire que toutes les montagnes, tous les mornes de l'île, qui sont entièrement composés de matières volcaniques, auraient été lancés du sein de ces petits volcans? Ne pourrait-on pas plutôt les regarder comme les produits d'énormes volcans qui auraient existé autrefois à la place du golfe Mexicain, volcans qui auraient bouleversé cette immense contrée, et n'auraient laissé pour témoins de leur existence passée et de leurs ravages que la chaîne des Antilles? Quelques-uns des petits volcans de cette chaîne pourraient être des soupiraux de ces antiques fournaises, les autres des volcans secondaires, c'est-à-dire que dans des montagnes de matières éructées ou boursouflées, il se sera trouvé des substances, des corps qui n'avaient pas subi l'action du feu, des sulfures principalement. Par le refroidissement, il se sera formé des crevasses en outre des interstices que ces matières en désordre pouvaient laisser entre elles. L'eau des pluies ayant pénétré dans l'intérieur, aura été décomposée par l'action de ces corps, et de là de nouveaux phénomènes volcaniques, de nouvelles éruptions, de nouveaux volcans que j'appelle secondaires ; et tels pourraient être ceux de la Guadeloupe et des autres îles volcanisées de cette chaîne.

Voyage à la Soufrière, le 7 mai 1818.

De la Basse-Terre au sommet de la Soufrière, il y a au moins six lieues. Le chemin est toujours en montant et plus ou moins rapide, malgré les détours qu'occasionnent les mornes que l'on rencontre. Les difficultés de la route et la haute température que l'on éprouve, rendent ce voyage extrêmement pénible pour les étrangers.

Trois habitants, deux officiers du régiment et moi, nous partîmes de la ville le 6 mai, à trois heures du soir, et nous arrivâmes, bien fatigués, à sept heures, au pied des hautes montagnes et à l'entrée des grands bois, chez M. Orille, ex-capitaine de dragons, qui nous reçut avec des formes on ne peut plus honnêtes. Alors le ciel était peu nuageux et les montagnes claires. Vers huit heures, il s'éleva un assez gros vent d'est qui nous fit craindre que le temps ne fût moins beau le lendemain qu'il n'avait été tout le jour. Le thermomètre marquait 17°, nous nous couchâmes tous, les uns dans des hamacs suspendus au plancher, les autres sur des matelas étendus sur le sol. Cependant le vent redoubla, dura toute la nuit, et nous amena des averses presque continuellement. Le vent et la pluie nous empêchèrent donc de dormir. Nous avions parmi nous des gens d'une gaîté folle ; c'est dire que nous passâmes la nuit à causer et à rire.

Le lendemain, à six heures du matin, le ciel étant fort nuageux et la Soufrière enveloppée de gros nuages bleuâtres, nous nous disposâmes à partir. La plupart de nos compagnons, effrayés du temps que nous avions eu pendant la nuit, n'osèrent pas aller plus loin et se déterminèrent à attendre là ceux qui seraient assez hardis pour braver les obstacles. Je déclarai formellement que mon intention était d'aller jusqu'au bout. MM. Lafond, lieutenant de grenadiers, et de La Force, jeune créole plein de courage, se proposèrent de ne point m'abandonner, et M. Delaunay, que nous avions trouvé chez M. Orille, voulut être notre guide. Nous confiâmes quelques provisions à un nègre, et nous dirigeâmes nos pas vers le volcan. A peine enfoncés dans les bois, nous reçûmes une averse épouvantable qui nous pénétra jusqu'aux os. Le sentier étroit où nous marchions, et qui devait nous conduire jusqu'au pied de la Soufrière, est presque partout rapide, traversé, de distance en distance, par de gros arbres renversés, par des lianes et des racines sur lesquelles il faut marcher, et que la pluie rend toujours très-glissantes. Nous trouvâmes, vers la moitié du chemin, une petite cascade de six à sept pieds, formée par un courant d'eau tiède. Enfin, après bien des difficultés, nous sortîmes des bois et nous nous trouvâmes, à huit heures, sur les bords de la ravine, à déjeuner. L'eau qui coule dans cette ravine est la seule bonne à boire, dans ces lieux sauvages et inhabités. Là, nous déjeunâmes et reçûmes encore une forte averse, sans pouvoir nous mettre à l'abri. Le thermomètre marquait 14°; à huit heures et demie, nous nous remîmes en chemin.

Avant d'arriver au pied de la Soufrière est un plateau qu'il faut traverser. De là nous voyions briller le soleil sur la ville et sur ses environs, tandis que nous étions enveloppés dans un nuage humide. Sur ce plateau, la végétation est déjà très-pauvre ; on n'y voit que de chétifs arbrisseaux, des fougères et des mousses.

Nous gravîmes enfin la Soufrière, sur le flanc de laquelle nous ne trouvions plus que des mousses et des fougères de moins en moins longues, à mesure que nous nous élevions davantage, et nous arrivâmes au sommet, par le pied du grand piton, à dix heures un quart. Le thermomètre marquait 13°. Ce piton est le plus élevé ; il est de forme pyramidale ; on l'aperçoit de presque tous les points de l'île. A quelques pas de là, sur la droite, est une masse énorme de rochers qui ne sont autre chose que des laves compactes, où l'on trouve une sorte de caverne formée par l'écartement de deux rochers, et qu'on appelle la grotte des Cinq-Amis. Cette masse se dirige vers le sud-est. Après avoir paré une averse dans cette grotte, nous traversâmes, avec peine, des amas de roches formées d'une lave qu'on pourrait regarder, ainsi que toutes les autres grandes masses, comme la lave principale, et nous arrivâmes, par la porte d'Enfer, sur le plateau. C'est un lieu assez irrégulier dans son contour, qui peut avoir quarante mètres dans sa plus grande longueur et trente dans sa plus grande largeur. Le plan en est parfaitement horizontal, et l'on n'y voit que du sable et du gravier. Dans certains endroits, cependant, il est recouvert d'une mousse très-courte, très-serrée. Il est renfermé entre la grande fente, le morne à Découvertes, le piton du nord, la porte d'Enfer, le prolongement de la grotte des Cinq-Amis et le piton du sud. La vue ne pose donc ici que sur les produits de ces feux terribles qui, dans des temps encore ignorés, déchirèrent le sein de la montagne. Ce plateau fut probablement le cratère principal de ce volcan. Sur la mousse dont je viens de parler, on écrit facilement avec la pointe d'un couteau, et pourvu qu'on ait soin de faire les caractères assez larges, assez profonds, et de les remplir de gravier, ils peuvent durer dix à douze ans. J'y ai gravé mon nom près la porte d'Enfer et à l'autre extrémité non loin de la grande fente. Dans la saison des pluies, ce plateau se couvre d'eau jusqu'à la hauteur de deux à trois pieds. En quittant le plateau, nous nous trouvâmes sur les bords de la grande fente, qui partage le sommet de la montagne en deux parties, dans la direction approchée du sud au nord. Cette fente peut avoir cent mètres de longueur et vingt dans la plus grande largeur. Elle est traversée, en face du plateau, par un pont de rochers. Elle varie dans sa profondeur depuis son origine, vers le sud, jusqu'à son extrémité, vers le nord, où elle se perd dans les bases de la montagne. Près du pont de rochers, elle offre un abîme dont on ne connaît pas la profondeur, et qu'on ne peut mesurer à cause de l'irrégularité de sa direction et de ses parois. J'y laissai tomber une pierre : pendant quelques secondes, je l'entendis tomber de rochers en rochers ; je ne distinguai plus ensuite qu'un bruit sourd qui s'affaiblit de plus en plus.

Sur le bord de cette fente et du côté du plateau, est le morne à Découvertes, ce morne d'où nous découvrîmes, dans un voyage postérieur à celui-ci, un des plus beaux spectacles que j'aie jamais vus, et dont j'ai donné une idée dans un des chapitres précédents.

Sur les deux parois de cette fente, et principalement au sud du pont, se voient, à différentes hauteurs, une foule de petits trous de divers diamètres, d'où sort de la fumée et du soufre.

Après avoir promené nos regards sur cette première scène, nous passâmes sur le pont et nous gravîmes avec peine le reste de la paroi orientale de la fente, et nous nous trouvâmes sur un plateau bien différent de celui que nous avions parcouru. Son sol est on ne peut plus irrégulier, semé de masses plus ou moins grosses de lave principale. Presque partout on y trouve de petits trous qui exhalent de la fumée. Tout y est chaud, tout y est brûlant. On ne saurait aller dans certains endroits sans danger ; c'est là surtout que la présence d'un guide est nécessaire.

Deux bouches principales, dont on aperçoit la fumée de presque tous les points de l'île, occupent à peu près le centre de ce plateau, et sont situées très-près l'une de l'autre. Nous nous en approchâmes, quoiqu'elles fumassent assez fort alors. Ces bouches ont la forme d'entonnoirs ; toutes les roches qui les revêtent sont couvertes de soufre cristallisé ; le trou d'où sort la fumée est circulaire et peut avoir quinze à dix-huit pouces de diamètre. Le vent faisant incliner la fumée vers le côté opposé à celui où nous étions, je descendis dans une de ces bouches, après avoir pris la précaution de m'attacher avec une corde dont mes compagnons de voyage tenaient l'extrémité. Je voulais détacher un beau morceau de soufre que j'avais aperçu à l'orifice du trou. Au moment où je le saisissais, le vent, changeant de direction, me rabattit la fumée sur le dos. J'en aurais été indubitablement suffoqué si, en retirant promptement la corde, mes compagnons ne m'eussent aidé à remonter, et mes habits eussent été brûlés, sans la pluie qui, n'ayant cessé que momentanément, les avait traversés. Un moment de réflexion me fit sentir mon imprudence, et chaque fois que je considère les fragments de ce morceau, qui fut malheureusement brisé dans le voyage, je ne puis m'empêcher de penser au prix qu'il a failli me coûter.

Comme nous nous trouvions enveloppés dans des nuages épais, qu'on ne voyait devant soi qu'à une très-petite distance, notre guide jugea qu'il était prudent de ne pas nous avancer davantage vers le sud, parce que cette partie du sommet n'est pas très-bien connue et qu'elle offre des dangers. Nous suivîmes son conseil. Cependant, je n'avais pas vu ce que j'avais toujours désiré de voir, la caverne; mais en nous indiquant sa situation, notre guide nous assura qu'on n'y pouvait plus pénétrer, à cause d'une fumerolle qui s'était ouverte à l'entrée.

Pour que rien d'intéressant ne manque à cette description de la Soufrière, je vais écrire ici ce qu'il nous en dit, tandis que nous étions assis au pied d'une roche chaude, à dessein de nous sécher un peu.

La caverne est située au nord de la montagne, non loin de l'extrémité de la grande fente. Elle renferme trois vastes souterrains, où l'on ne pouvait pénétrer qu'avec des flambeaux. Les parois et le sol de ces souterrains sont formés d'énormes blocs de roches de lave principale. Le troisième souterrain, qui est le plus spacieux, se dirige à l'ouest. M. Lherminier, pharmacien de la Basse-Terre, y avait été asphyxié et y avait découvert une fumerolle. Personne avant lui n'avait osé y pénétrer si avant. Il s'enfonça dans le sein de la montagne jusqu'à une profondeur d'environ cent cinquante toises.

A ce récit, je ne pus m'empêcher de maudire cette nouvelle fumerolle de l'entrée, qui me privait du plaisir de visiter ces souterrains, où sans doute j'eusse trouvé une riche collection.

Comme le temps ne s'embellissait point et que continuellement nous étions enveloppés de nuages, nous revînmes sur nos pas, nous redescendîmes par le même chemin; nous prîmes quelques rafraîchissements au milieu des bois, où nous nous reposâmes sous un ajoupa, auprès duquel coulait un ruisseau d'eau bonne à boire. Nous continuâmes notre route, et nous arrivâmes à quatre heures du soir chez M. Orille, qui avait eu la bonté de nous faire préparer un très-beau dîner. Nous partîmes de là à six heures et demie pour nous rendre à la Basse-Terre, où j'arrivai tout seul, à neuf heures et demie, exténué de fatigue, pénétré de pluie et de sueur, et atteint d'une fièvre qui me retint huit jours au lit. Mes compagnons restèrent à coucher chez Mme de La Force. J'aurais dû faire comme eux, je me serais épargné cette indisposition.

Dans les environs, et principalement sur le sommet de la Soufrière, on respire continuellement du gaz sulfureux et du gaz hydrogène sulfuré, mêlés à l'air atmosphérique. Très-souvent ces gaz se font sentir à la Basse-Terre et même beaucoup plus loin. Ils sont plus sensibles le soir que pendant le jour.

Sur l'ouragan de 1825.

« *Quartier Sainte-Rose*, 2 *août* 1825.

» J'arrive de la Basse-Terre, mon ami, et je mets un douloureux empressement à te donner de bien tristes nouvelles de notre malheureuse colonie et surtout de la capitale, naguère si brillante, et qui n'offre plus que ruines et désolation. Le plus terrible ouragan qui, de mémoire d'homme, ait ravagé les Antilles, vient de porter la destruction et la mort dans une partie des quartiers de la Guadeloupe. Ceux qu'il a un peu épargnés ont encore à gémir sur des pertes immenses et bien difficiles à réparer. La providence a voulu que notre quartier fût un des moins ravagés. Mais je ne te parlerai pas encore de nos maux ; ils doivent moins nous occuper que ceux de nos malheureux compatriotes de la Basse-Terre et des quartiers voisins de cette ville. C'est sur eux que doivent se porter tes regrets et ta douleur, puisque c'est sur eux que sont tombés les plus grands coups.

» Le 26 juillet dernier, à neuf heures du matin, le vent commença à souffler de l'est avec une violence qui présagea bientôt un prochain ouragan et de grands malheurs. A une heure, le vent passa au sud-sud-ouest, et sa furie, portée au dernier degré, commença alors les ravages inouïs dont je vais te donner quelques détails. J'ai été moi-même le triste témoin des faits que je te raconte plus bas. Les rapports particuliers de chaque habitation des quartiers ravagés ne sont pas encore connus avec tous leurs détails ; mais la masse des faits est parvenue à ma connaissance, et je te les transmets aussi exactement qu'il est possible de le faire dans un moment de trouble et de désolation.

» A la Basse-Terre, les deux gouvernements (la résidence du gouverneur et l'hôtel de ses bureaux) ont été renversés. La grille en fer qui entourait le corps de bâtiment du champ d'Arbaud, a été rompue et pliée comme une faible liane. L'hôpital, les casernes neuves, celles du fort, le greffe, la salle du conseil, le magasin général ne présentent plus que des amas de décombres. L'église de Saint-François a été entièrement renversée. Notre digne préfet apostolique, le vénérable abbé Graffe, le chantre et plusieurs domestiques sont morts sous les ruines du presbytère. La respectable supérieure de la pension des jeunes demoiselles et plusieurs de ses élèves ont péri. Le nombre des victimes est porté à deux cents. La plus grande partie des maisons se sont écroulées; les autres ont eu au moins les combles enlevés. Il y avait plusieurs pieds d'eau dans toutes les salles basses; et si la plus grande violence du vent eût duré une demi-heure encore, toutes les maisons eussent subi une destruction complète.

» Les arbres du Cours ont été cassés ou déracinés.

La petite rivière aux Herbes, dont les eaux, en temps ordinaire, couvrent à peine les roches qui en garnissent le fond, a débordé de cinq pieds au-dessus du pont, dont l'élévation était immense pour une si faible rivière. Cette dernière est devenue en quelques minutes un torrent impétueux qui a entraîné à la mer le beau corps de garde en maçonnerie, ainsi que toutes les maisons voisines du pont, avec leurs malheureux habitants, maîtres et domestiques.

» Les quartiers de Bouillante, les habitants de Saint-Louis, Mathouba, les Palmistes, les Trois-Rivières, la Capes-Terre et la Goyave sont presque entièrement dévastés : maisons principales, bâtiments d'exploitation et cases de nègres, tout est renversé. Il n'y a plus sur pied ni cannes ni café. Toutes les plantations ont été arrachées ou brisées; grand nombre de nègres ont été tués, et la plupart des bestiaux ont péri. La destruction est générale dans ces malheureux quartiers.

» Le surlendemain de l'horrible catastrophe de la Basse-Terre, où je me trouvais alors, la mer est devenue bien moins agitée. Impatient de connaître le sort de nos parents et amis de Sainte-Rose, où je croyais que l'ouragan avait exercé les mêmes ravages, je me jetai dans un canot, à la grâce de Dieu, et me dirigeai, sous le vent de l'île, vers notre quartier. Le ciel protégea ma navigation, qui fut courte et heureuse, et je descendis, sain et sauf, à l'embarcadère de mon habitation. Je rendis grâce à Dieu de sa protection manifeste, et je volai dans les bras de nos parents. Mes actions de grâce devinrent bien plus vives, quand je vis avec étonnement que les ravages de l'ouragan, dans notre quartier, n'avaient été que ceux d'une forte bourrasque. Nos cannes sont entièrement couchées et en partie cassées, les vivres (manioc, bananes, etc.,) perdus, quelques cases jetées à bas. Toutes ces pertes sont grandes, sans doute, mais elles ne peuvent entrer en comparaison avec celles de nos malheureux compatriotes de la Basse-Terre et des huit quartiers voisins de cette ville.

» On lit dans une autre lettre, de la même date, que quatre bâtiments, dans le port du Moule, ont été mis à la côte. Trois bâtiments de l'Etat sont perdus. On n'a pu porter aucun secours aux équipages. Les *Deux-Amis*, de Bordeaux, capitaine Momus, armateur M. Danet, ayant deux cents barriques de sucre à bord ; a péri ; heureusement l'équipage est sauvé. Plusieurs bâtiments américains, mais principalement une goëlette et le navire les *Canaries*, ont péri en sortant de la Pointe-à-Pître, le premier, corps et biens, le second, démâté et jeté sur les Saintes, a été démoli en moins de deux heures, et ce n'est que par miracle que l'équipage s'est sauvé.

» Dans le bassin de la Pointe, où le vent s'est bien moins fait sentir que partout ailleurs, nous avons été un instant les uns sur les autres ; une goëlette a sombré, trois bricks et six sloops ont fait côte ; mais sur la rade, il n'y a pas un navire qui n'ait éprouvé quelque perte. »

-o◆o-

Ici se terminent tous les documents inédits du *Voyage à la Guadeloupe*, dont nous avions acheté le manuscrit. Comme complément, nous allons y joindre une nouvelle du même auteur, intitulée : *Une journée de ma vie à la Guadeloupe*, nouvelle qui se lie parfaitement, par ses détails, avec tout ce qui précède.

(NOTE DE L'ÉDITEUR.)

UNE JOURNÉE DE MA VIE

A LA GUADELOUPE.

Contre l'ordinaire, mon sommeil avait été singulièrement troublé ; plusieurs fois je m'étais senti piqué. Je voulus savoir la cause de cette tracasserie ; je me levai donc pour inspecter mon lit. J'agitai doucement un flacon dans lequel je conservais quelques mouches phosphoriques (mouches à feu), et à la vive lumière qu'elles répandirent soudain, j'aperçus, à la fois, un assez bon nombre de punaises, deux ravets, un scorpion et une bête à mille pattes. Pour éviter de nouvelles attaques de ces importuns insectes, je pris le parti de ne me point recoucher.

J'ouvris mes jalousies pour respirer l'air frais et pur du matin. Le ciel était sans nuages, les

22

hautes montagnes se dessinaient au loin sur son sombre azur, les étoiles qui peuplent son immensité brillaient encore du plus vif éclat, et l'atmosphère n'était agitée que par les ailes légères du zéphir. Je me prosternai devant cette voûte superbe qui révèle si hautement la puissance de l'Eternel, et mon cœur s'éleva avec mes pensées jusqu'au pied de son trône.

En attendant le lever du jour, j'interrogeai ma mémoire sur la vaste étendue de la création. Je voyais ces soleils se multiplier à l'infini dans le champ du télescope. Mon imagination errait délicieusement sur ces terres soumises à leur empire et que leur éloignement incommensurable dérobe à nos yeux. Si ces terres n'existaient point ou si elles n'étaient point habitées par des êtres sensibles, si la vie ne se manifestait à leur surface sous des modes quelconques, pourquoi, me demandais-je, ces innombrables foyers de lumière et probablement de chaleur? Tous ces feux n'auraient-ils donc été allumés dans les immenses solitudes de l'espace, que pour éclairer notre repos? La main toute-puissante du Créateur n'aurait-elle étalé un si pompeux spectacle qu'en faveur des mortels auxquels, momentanément, le sommeil refuserait ses douceurs; ou pour consoler de la longue absence du soleil les malheureux habitants des régions polaires ? Non, me disais-je. Dieu, qui est si profond dans ses conceptions, doit être plus grand dans la fin de ses œuvres ! Chacun de ces astres est le centre d'un système comme le nôtre. Des planètes, comme celle qui nous soutient, gravitent vers ce centre et sont régies par les mêmes lois, ou par des lois analogues.

Mais ces planètes ont-elles subi des révolutions comme la nôtre ? Des feux intérieurs y ont-ils aussi produit des bouleversements ? Des ruines ou des débris de vieux mondes s'y font-ils remarquer comme sur notre sphéroïde ? Les intelligences qui les habitent, sont-elles, comme nous, servies par des organes ; sont-elles aussi emprisonnées dans un appareil matériel ? Ont-elles été fidèles aux lois de leur être ? Leurs destinées sont-elles aussi sublimes que les nôtres ? Par un criminel abus du plus beau privilége, sont-elles dégénérées et ont-elles eu besoin d'un Sauveur ?

Quelles doivent être la masse et la force centrale de ces soleils, dont nos instruments les plus parfaits ne sauraient faire varier le volume apparent ? Quel doit être ou l'éloignement ou la vitesse tangentielle des globes planétaires soumis à leur action ? Telles étaient les pensées qui occupaient mon esprit, quand l'aube vint me tirer d'une si douce rêverie.

Cependant, tout annonçait un beau jour ; je formai soudain le projet de le consacrer tout entier à l'une de ces excursions où, seul avec la nature, je goûtais ordinairement des plaisirs si délicieux. Le volcan que les habitants appellent *Soufrière*, me sembla mériter la préférence, et, pour cette fois, je crus pouvoir me passer de guide dans des lieux si souvent parcourus.

Je partis donc de la Basse-Terre avec quelques légères provisions, et suivi de mon fidèle Médor, qui ne manqua jamais à m'accompagner dans mes courses. Déjà j'avais franchi deux milles environ, quand, de ses rayons naissants, le soleil vint dorer la cime des montagnes. Je m'assis un moment au pied d'un acajou-pomme, moins pour me reposer que pour contempler la scène magnifique qui s'offrait à mes regards.

Non loin de moi, dans un lit tortueux, profond et déclive, se précipitait, à grand bruit, un torrent qu'on appelle rivière aux Herbes. Ses eaux, en se brisant contre d'énormes roches de lave antique, s'élevaient en blanchissante écume, puis, se réunissant, tombaient en cascade, ou s'étendaient en nappe.

De tous côtés, à diverses distances et sur des terrains plus ou moins élevés, se présentaient, sous des formes agréablement pittoresques, mille habitations qui semblaient être autant de hameaux. Les maisons de maître n'ont rien de comparable aux châteaux des anciens seigneurs de nos villages européens. La violence et la fréquence des tremblements de terre, la force redoutable des ouragans terribles qui ne ravagent que trop souvent ces belles et riches contrées, ne permettent pas à l'architecture de déployer ses magnificences sous le ciel brûlant des Antilles. Elles n'ont toutes que le rez-de-chaussée; et la simplicité en plairait aux yeux, si l'on ne se rappelait que chacune d'elles est le séjour d'un tyran.

Tout près de ces demeures de l'oisiveté, de la mollesse et de la barbarie, sont plantés des cocotiers et d'autres palmiers dont les hautes tiges, droites, lisses et absolument nues, se terminent par de très-longues feuilles composées qui, retombant en panaches, forment de vastes et superbes parasols de verdure. Au-dessous de ces géants du règne végétal, se voient des massifs d'autres arbres fruitiers, tels que le manguier, le sapotiller, l'oranger, le bananier, le corossolier, l'avocatier, et c'était au milieu de ces élégants massifs que se laissaient apercevoir ces petits temples des divinités tropicales.

A quelque distance de la maison principale, on remarquait, d'un côté, les bâtiments servant d'usine; de l'autre, un groupe de cabanes servant d'asile, durant quelques heures de la nuit, à ces êtres malheureux qu'un abominable commerce arracha à leur patrie, à leurs femmes, à leurs enfants, à leurs maris, à leurs pères, à leurs mères, pour en faire, sous le nom d'esclaves, les tristes victimes de quelques blancs tourmentés par l'amour désordonné des richesses et du luxe.

Les vallons, les collines, les plateaux, tous les lieux quasi romantiques qui séparent ces riantes habitations, étaient couverts de cotonniers, de cannes à sucre, de manioc, de cafiers; et ces diverses productions, de nuances différentes, étaient agréablement coupées par des savanes plus ou moins étendues et toujours inclinées.

A ma gauche, mes regards plongeaient sur la ville que je venais de quitter, et sur la rade, dans laquelle s'efforçaient d'entrer plusieurs petits navires qui louvoyaient lentement, faute de vent, tandis qu'à quelques milles au large, un beau trois-mâts, sous ses basses voiles seulement, semblait faire bonne route. A ma droite, se développait la chaîne majestueuse des montagnes qui occupent l'intérieur de l'île, et que domine la Soufrière. Si ce n'était point la partie du tableau la plus animée, du moins c'était, pour le moment, la plus brillante. Les premiers feux du jour, allumés sur les sommets inégaux de cette chaîne, semblaient former un large feston d'or au-dessus des sombres bois qui revêtent le flanc des montagnes, et la fumée qui s'élevait du sein du volcan ressemblait à la flamme d'un énorme flambeau.

En faisant un demi-tour sur moi-même, mes regards se promenaient et sur le Matouba, quartier situé sur les hauteurs voisines des grands bois, et sur le vaste plateau du Palmiste, et sur la profonde vallée du Dos-d'Ane, et enfin sur le majestueux Wellmont. Le Matouba offre de riches habitations caféières ; au milieu d'elles se faisait remarquer un petit palais appelé Gouvernement, où les gouverneurs vont ordinairement passer la terrible saison de l'hivernage, parce que la température y étant beaucoup plus basse qu'à la ville, ils y sont moins exposés au redoutable fléau de la fièvre jaune; du point où j'étais, ce quartier, bien planté et comme adossé à la chaîne des hautes montagnes, ne produisait pas un effet bien pittoresque; toutes ses parties semblaient ne faire qu'un tout. Mais le Wellmont se présentait sous un aspect bien différent. C'est un groupe de montagnes isolé, baigné d'un côté par la mer, dominant et la fertile vallée du Dos-d'Ane, et le fort Saint-Charles qui défend la ville. Toutes ses pentes, diversement plantées, et ses habitations, bien séparées, offraient une riante et belle image.

Cependant, je me remis en route. J'avais encore seize milles environ à parcourir avant d'arriver au sommet du volcan, et sur un terrain rapide et très-inégal. Comme je ne voulais m'arrêter qu'en revenant et pour coucher seulement, je fus obligé de tourner plusieurs habitations appartenant à des personnes de ma connaissance, afin de n'être point aperçu, et après avoir traversé péniblement des propriétés abandonnées et des lieux assez sauvages, j'arrivai tout en sueur à la limite des grands bois.

Jusqu'ici, je n'avais foulé qu'un sol possédé par quelques blancs et que pourraient, à juste titre, revendiquer ces êtres si méprisés et si intéressants tout à la fois, qui, en le cultivant, l'arrosent de leur sueur et de leur sang; je n'avais respiré qu'un air infecté, si j'ose ainsi dire, par le despotisme et l'esclavage : j'allais entrer dans le domaine silencieux de la nature; j'allais librement fouler une terre qui n'appartient à personne, ou plutôt à laquelle tous les hommes ont des droits égaux.

Déjà mes poumons se dilataient pour recevoir cet air salutaire qu'on ne respire que dans les retraites écartées du séjour des hommes, cet air qui, pur de toute émanation délétère, ne porte dans le torrent de la circulation que des éléments de vie; déjà je goûtais le bonheur que procure la douce liberté. Cependant, avant de me plonger dans la fraîcheur des bois, je suspendis ma marche quelques instants; une triste expérience m'avait appris les ravages que peut produire, dans la machine humaine, la suppression subite de la sueur ou même de la transpiration. Je restai rêveur et ne songeai plus qu'aux nouvelles délices dont j'allais jouir.

Mon bon Médor était auprès de moi et semblait contrarié de ce repos nécessaire; le mouvement était pour lui la moitié de la vie.

Oh ! que de fois je formai le projet de m'établir dans ces belles solitudes, d'y défricher quelques arpents, d'y construire une chaumière, d'y cultiver des racines et d'y vivre, en sage, au sein de ma petite famille, loin du commerce des autres hommes et à l'abri des séductions d'un siècle moins brillant encore qu'immoral et corrompu !... Mais, délicieuse Normandie ! ma chère patrie ! le souvenir de tes charmes venait remplir mon âme et faisait soudain battre mon cœur ! mon projet alors s'évanouissait comme une vapeur légère aux rayons d'un soleil brûlant ! mes pensées, mes désirs s'élançaient vers toi. Je voulais revoir ce vieux toit paternel qui retentit de mes premières pleurs ; ces lieux qui furent témoins de mes premiers plaisirs comme de mes premières peines ; ces amis de mon enfance avec qui j'appris, sous les mêmes maîtres, et des mots et des choses. Je voulais aller creuser ma tombe auprès de mon berceau !

Je me sentais moins échauffé ; je repris ma route au travers de ces forêts antiques, aussi vieilles que le sol qui les porte. Là tout est simple et pourtant majestueux ; l'empreinte de l'art ne se fait remarquer nulle part. C'est le temple de la nature. Là on ne trouve ni chemins ni sentiers. On ne voit que quelques traces légères qu'y laissent les chasseurs et qui ne sont marquées que par la mutilation des arbrisseaux épineux qui, presque partout, remplissent l'intervalle que laissent entre eux les grands végétaux. On n'y marche que sur des racines croisées dans tous les sens, et ces racines sont mises à nu par les pluies diluviales qui signalent la présence de l'hivernage. De distance en distance, on y voit des arbres énormes dépouillés de leurs branches, ou rompus ou déracinés, qui attestent le passage de ces ouragans terribles qui, presque tous les ans, viennent détruire les récoltes et ruiner les habitants. On trouve dans ces bois des eaux sulfureuses à divers degrés de température. Les sources d'eau froide et potable y sont plus rares. Cependant, le voyageur altéré y trouve facilement le moyen d'étancher sa soif. Parmi les diverses espèces de lianes que l'on rencontre fréquemment dans ces bois, il en est une appelée liane rouge, qui contient en abondance une eau fraîche et délicieuse. On la coupe ; on se met dans la bouche l'extrémité du bout supérieur, en même temps qu'on la coupe encore plus haut, et l'on sent couler un véritable nectar. Le ramier, la perdrix à croissant, l'agouti, et le diablotin, espèce de pétrel, sont à peu près les seuls animaux qui attirent les chasseurs dans ces hautes régions.

Après avoir franchi péniblement la pente des montagnes et vaincu les difficultés, sans cesse renaissantes, des bois qui les revêtent, je me trouvai, non sans quelques égratignures, sur un plateau entièrement découvert, où ne croissent que des mousses et des fougères. Ce plateau est situé au pied de la Soufrière. Un ruisseau, où l'eau ne coule que dans les jours pluvieux et que l'on appelle *ravine à déjeuner*, borne ce plateau du côté des bois. C'est là que les voyageurs ont coutume de s'arrêter et de se restaurer l'estomac avant de gravir le flanc escarpé du volcan. Il était une heure après midi, et je n'avais encore mangé, depuis mon départ de la Basse-Terre, que deux figues bananes et un morceau de cassave; j'éprouvais donc une faim assez vive; mais, avant de la satisfaire, je voulais jouir un instant du grand et sublime tableau qu'offre, aux regards étonnés, la vaste partie de l'île que l'on peut apercevoir de ce lieu élevé d'environ quatorze cents mètres au-dessus du niveau de la mer. Je m'avançai donc vers l'autre extrémité du plateau, et laissai librement errer ma vue sur tous les objets qui se trouvaient si loin au-dessous de moi. Dans cette nouvelle situation, les impressions que j'en recevais n'étaient plus les mêmes, et l'habitant de la plaine, accoutumé à voir sur un plan horizontal tout ce qui l'environne, ne saurait se faire une idée de cette différence. Tous les groupes se dessinaient plus nettement, les hauteurs, les vallons laissaient mieux apercevoir leurs contours et leurs sinuosités. La ville, qui se développe sur une longue courbe, semblait n'offrir que de petites cabanes; les navires qui étaient dans la rade semblaient n'être que des barques légères. Au loin, on voyait les Saintes (îles) qui s'élevaient à peine au-dessus de l'Océan. De légers nuages blancs flottant lentement dans une atmosphère tranquille, me dérobaient, tour à tour, les divers objets de mon admiration, puis venaient bondir contre les montagnes que je dominais, ou allaient se fondre, pour ainsi dire, dans les forêts. Pour la centième fois, peut-être, je me reprochai de n'avoir pas cultivé cet art presque magique, qui avait charmé quelques-uns des loisirs de ma jeunesse, le dessin, qui m'eût procuré tant de jouissances dans mes voyages, et qui eût, en quelque sorte, éternisé mes souvenirs.

Je me retirai tout mécontent de moi-même et allai m'asseoir sur le bord de la ravine, pour prendre enfin mon modeste repas. Un petit pain, un morceau de bœuf salé, quelques bananes; de bonne eau dont j'avais rempli un coco, en traversant les bois, un flacon de bon rhum, voilà sur quoi j'avais à m'exercer. Je dressai le tout sur le beau tapis de mousse dont la main de la nature a revêtu ce lieu. Mon compagnon, que l'appareil du dîner avait mis en bonne humeur, ne se fit pas prier pour accepter sa part; il est vrai qu'il l'avait achetée par ses courses et par ses gentillesses.

. . . .

Je n'avais guère moins besoin de repos que d'aliments; cependant, je sentais que je n'avais pas de temps à perdre. Je ramassai les débris de mon dîner, qui n'étaient pas fort pesants, et je pris mon essor vers le sommet du volcan.

. . . .

Je touchais presque au but, mais la distance qui me restait encore à franchir était certainement, pour moi, ce que le voyage offre de plus pénible. La pente est si rapide qu'on ne saurait, sans danger, la gravir en ligne droite. Je montai donc en formant des zigzags. Je ne trouvai plus que des mousses de moins en moins longues, à mesure que je m'élevais davantage, et j'arrivai, tout hors d'haleine, au pied du grand piton; il était trois heures. Ce grand piton est une énorme pyramide de lave compacte, au sommet de laquelle je n'osai jamais monter. C'est le point le plus élevé des montagnes, et on l'aperçoit de presque tous les endroits de l'île. Je fis volte-face. Dieu, quel spectacle ! on se figure aisément que la scène s'était agrandie à raison de la plus grande élévation. Je n'essaierai point d'en peindre la magnificence ; je me borne à dire que je restai immobile d'admiration, et que je me trouvai aussi profondément impressionné que je le fus quand, pour la première fois, mes yeux la contemplèrent.

Je traversai un espace tout rempli de fragments plus ou moins gros de cette lave antique et grisâtre, qui semble former le corps de l'île, et j'arrivai sur un plateau qui, comme tout porte à le croire, fut le premier cratère du volcan. Le soleil inclinait trop vers l'autre hémisphère pour que je pusse parcourir tout le sommet ; je restai sur ce plateau, j'y cherchai de nouveaux échantillons de lave, puis j'allai me reposer quelques instants auprès d'une fumerole située sur le bord de la grande fente. A quatre heures, je me remis en route et revins sur mes pas, jusqu'à la ravine à déjeuner.

J'avais suspendu à une branche le petit sac qui contenait le reste de mes provisions, je le repris et m'enfonçai dans les bois. La marche me fatiguait moins parce que je descendais ; mais j'avais toujours à lutter contre les buissons épineux. Je pris une direction qui, à ce qu'il me semblait, devait me conduire tout droit à l'habitation de M. O...., chez lequel j'avais dessein d'aller coucher, et, sous un rapport, j'eus lieu de m'en repentir, comme on va le voir tout à l'heure. Les hauts sommets des arbres sont si serrés et leur feuillage si épais, qu'avant même que le soleil fût couché, la nuit régnait déjà dans ces muettes retraites. Cent détours que je fus obligé de faire pour sortir des fourrés où je me trouvais engagé, m'écartèrent de ma direction première et, sans m'en douter, je me trouvai égaré. On conçoit quel fut mon embarras quand je m'en aperçus. Ce n'était pas que j'eusse peur ; je n'avais rien à redouter dans un pays où il n'y avait ni serpents ni autres animaux malfaisants. Mais je me voyais dans la nécessité de passer la nuit à la belle étoile et dans des lieux ordinairement frais et humides. Je ne voyais qu'un moyen d'éviter les inconvénients qui pouvaient en résulter pour ma santé, celui de m'agiter et de marcher continuellement, mais je ne voyais pas comment je pourrais le mettre à exécution au milieu des épines. J'avoue que je regrettais un peu mon lit de la Basse-Terre, quoiqu'il ne se composât que d'un matelas et de deux draps. Cependant mon courage ne m'abandonna pas, et je pris un parti.

Je cheminai toujours comme je pus ; je n'avais à craindre, dans cette partie, aucun précipice ; à l'aide de ma canne, j'assurais mes pas et m'ouvrais un passage. Après avoir voyagé ainsi, durant près d'une heure, j'aperçus une lumière à une distance qui ne me parut pas fort éloignée. Je jugeai que j'étais à la limite des bois. L'espérance, soudain, rentra dans mon âme. Je tâchai de me diriger vers cette lumière. Vingt fois je la perdis de vue, et vingt fois elle reparut à mes yeux. Cependant, je précipitais ma marche autant que je le pouvais. Enfin, je me trouvai hors des bois; je commençais à respirer. La nuit n'était point obscure et du moins j'y voyais assez pour me conduire. J'étais dans une espèce de ravin ; je gravis la hauteur opposée et, en revoyant la lumière chérie qui guidait mes pas, je m'aperçus que j'avais encore une certaine distance à franchir pour l'atteindre ; je craignais que les habitants ne se couchassent et qu'ainsi je ne la perdisse pour toujours, ce qui m'aurait fort contrarié. Cette pensée occupait mon esprit quand, d'une espèce de hallier que j'avais à ma droite, une grosse voix me salua par ces mots : « Bonjou, mouché ; » mon premier mouvement fut celui de la peur ou plutôt de la surprise. Comme je me doutais que ce ne pouvait être qu'un nègre marron, je répondis à son bonjour ; je lui

de mes fatigues. Je n'éprouvais plus guère que la cuisson que me causaient les mille piqûres que j'avais endurées. Je me sentais quelques dispositions à faire honneur au souper qui m'était si gracieusement offert. Nous nous mîmes à table. Mes hôtes, qui avaient soupé et qui étaient près de se coucher lorsque j'arrivai, n'y purent jouer un rôle aussi actif que le mien ; cependant, avant de terminer ce repas qui fut fort joyeux, il fallut boire du Madère à la santé de l'étranger qu'un heureux hasard avait amené sous ce toit protecteur.

Cette famille intéressante était composée du père, de la mère, de trois enfants : deux jeunes garçons et une petite fille. La plus grande propreté régnait dans la maison, et tout y annonçait une certaine aisance.

J'avais trouvé dans cette famille beaucoup plus de savoir-vivre qu'on n'en rencontre ordinairement chez les gens de cette classe, et j'avais remarqué dans le père une netteté d'idées et une justesse de raisonnement qui annonçaient quelque culture. Je fus curieux de m'entretenir un peu longuement avec lui et d'amener la conversation sur des sujets un peu plus sérieux que ceux qui nous avaient occupés jusque-là.

Comme les enfants luttaient depuis quelques moments contre le sommeil, on les engagea à s'aller coucher. Ils trouvèrent sans doute qu'on leur donnait un sage conseil, ils me saluèrent avec une civilité peu ordinaire à leur âge, embrassèrent tendrement leur papa et leur maman, et se retirèrent précédés d'une domestique.

Nous nous trouvâmes donc seuls, le père, la mère et moi, tout étonnés d'une rencontre si imprévue. Je crus, parce qu'ils me le disaient, que ma présence leur était agréable ; et, en effet, leurs bons procédés ne pouvaient me laisser de doute à cet égard. Quant à moi, je le dis bien franchement, l'intérêt que je porte en général à cette classe malheureuse, qu'un sot orgueil met au-dessous des blancs, augmentait singulièrement le plaisir que j'éprouvais de me trouver avec eux.

D'abord, pour leur donner occasion de me faire leur biographie, je leur fis la mienne ; et, pour leur inspirer plus de confiance, j'appuyai plus particulièrement sur les malheurs qui ont traversé ma vie.

J'appris donc que le mari était fils unique d'un blanc et d'une mulâtresse qu'il avait choisie parmi ses esclaves pour en faire sa femme. Ce blanc, du moins, avait de la constance et de la retenue. Ordinairement, les créoles ne sont pas si délicats; ce sont des papillons qui ne s'arrêtent pas longtemps sur les mêmes objets : voltiger sans cesse, c'est pour eux un besoin. J'en ai même connu plus d'un, j'en rougis encore de pudeur, assez dégradé pour entretenir un commerce brutal, non-seulement avec toutes leurs esclaves indifféremment, mais même avec les filles nées de ces infâmes amours. De telles horreurs ne soulèvent-elles pas l'indignation, dans les âmes même les moins vertueuses?

Bien différent de la foule des autres, ce créole blanc avait tiré son fils de la condition d'esclave; il l'avait élevé avec toute la tendresse d'un bon père; l'avait envoyé passer quelques années dans un collége aux États-Unis, où il avait appris le français et l'anglais; enfin, il l'avait déclaré en mourant son héritier.

La jeune femme était fille d'un mulâtre libre, mais sans fortune, et d'une quarteronne esclave. Elle n'avait reçu de ses parents aucune éducation; mais elle était d'un naturel si heureux, qu'en peu de temps son mari en avait fait une personne aimable.

Une circonstance singulière qu'on pourrait regarder comme l'œuvre de la providence, détermina leur union. Le mari, qui alors était garçon, voyageait pour ses affaires dans une colonie voisine; c'était pendant l'hivernage : un jour, en montant à l'habitation d'un de ses amis, il fut surpris par un de ces orages soudains qui semblent lancer contre la terre tous les feux et tous les torrents du ciel. Courir pour chercher un abri est son premier soin. Il aperçoit une chaumière en ruine, il y précipite ses pas, et, comme il est prêt d'y arriver, il tombe. Un cri perçant se fait entendre de cette chaumière; c'est celui d'une jeune fille qui, le croyant frappé de la foudre, accourt éperdue pour lui prêter secours, s'il en est temps encore. Une pierre, que son pied avait heurtée, avait seule causé sa chute. La sensibilité que cette jeune fille avait manifestée à son égard, et son air modeste et timide lui donnent une bonne opinion des qualités de son cœur. Ils furent muets tant que dura l'orage. A peine le beau temps fut-il de retour qu'ils échangèrent quelques compliments, et le voyageur de demander à la jeune fille qui elle est, où elle demeure et de continuer sa route. Cependant l'image de cette jeune personne ne sort plus de son imagination; un charme puissant l'y retient sans cesse. Il tombe malgré lui dans une rêverie douce et mélancolique;

il se persuade qu'elle peut faire son bonheur. Plein de cette pensée, il va, quelques jours après, trouver son maître, l'achète, la conduit à l'église où un prêtre les unit; et c'était devant ce couple heureux que je me trouvais.

Il y a là du romantique, il faut l'avouer, et cette circonstance, susceptible d'ornements, serait certes d'un grand effet dans l'histoire de leur vie.

Ils étaient propriétaires, ils avaient conséquemment des esclaves; j'étais curieux de savoir comment ils les traitaient et ce qu'ils pensaient de l'esclavage. Je demandai donc au mari comment il avait pu s'accoutumer à la vie de collége, après avoir passé sa première enfance dans une molle oisiveté et dans l'exercice d'un despotisme impérieux.

« Vous vous tromperiez fort, Monsieur, me répondit-il avec une sorte de vivacité qui me fit plaisir, si vous pensiez que j'ai été élevé comme le sont ordinairement les créoles. Mon père était Européen; il n'avait point oublié les principes dont on avait nourri sa jeunesse. Il connaissait le prix de l'éducation, et, tant qu'il vécut, il s'occupa de la mienne avec une persévérance que je n'oublierai jamais. Je balbutiais à peine quand il m'apprit à prier l'auteur de toutes choses. Je n'avais pas encore huit ans que déjà je savais lire et écrire et qu'une partie de mon catéchisme s'était logée dans ma mémoire. Il réglait mon travail et mes plaisirs, et m'accoutumait peu à peu au frein salutaire de la raison. Quant aux esclaves, il m'avait appris qu'ils étaient comme moi descendus d'Adam, et que, comme moi aussi, ils étaient couverts du sang de Jésus-Christ. Il m'attendrissait sur leur sort et n'aurait certes pas permis que je prisse à leur égard des airs de mépris, bien moins encore que je les tyrannisasse comme font ordinairement les enfants des libres. La vie de collége ne m'a donc pas semblé étrange, et, Dieu merci, les généreux sentiments que m'avait inspirés mon père n'ont fait que s'y fortifier.

. . . .

— Avec de si nobles sentiments, vous devez, lui dis-je, vous trouver malheureux d'habiter un pays où règnent des préjugés contraires. Vous ne sauriez tirer parti de votre propriété sans le secours d'un certain nombre d'esclaves; et comment les maintenir dans leurs devoirs sans user de moyens violents qui doivent répugner à des cœurs comme les vôtres : l'esclavage abrutit les âmes; tout ce qu'elles ont de généreux et de délicat semble mourir sous le poids des chaînes, et ce n'est plus en quelque sorte que comme des bêtes de somme qu'il faut faire marcher les êtres qu'elles ont dégradés. J'ai vu des maîtres, j'en frémis encore, traiter leurs esclaves comme j'aurais eu honte de traiter de mauvais mulets. J'ai des domestiques que je renvoie pour en prendre d'autres, quand ils négligent leurs devoirs ; mais je ne veux point avoir des esclaves contre lesquels je serais obligé de sévir.

— Il est vrai, me répondit-il, qu'on ne peut cultiver ces pays sans esclaves ; mais il est vrai aussi que l'esclavage est une bien triste chose. Être obligé de vivre sous l'empire d'une volonté étrangère, quand on se sent libre par sa nature ; il n'est rien à mon sens de plus affreux ! Et comment faire cesser un état de choses si affligeant? Oh ! que vous êtes heureux en Europe ! Que ne puis-je y transporter ma propriété !

Cependant, nous n'avons point à endurer tousles désagréments qui naissent de l'esclavage. Nous prenons les moyens qui sont en notre pouvoir pour le rendre supportable à nos gens, et si tous les maîtres voulaient être justes à l'égard des esclaves, ces malheureux n'auraient pas tant à gémir sur leur condition, ils se soumettraient plus volontiers à ce qu'on exige d'eux : mais leur imposer, comme ils font tous, un dur et pénible travail et ne les nourrir qu'au quart, les martyriser pour des riens, les mettre au-dessous des plus vils animaux, c'est les pousser au désespoir, c'est entretenir dans leurs cœurs des sentiments de vengeance qui, tôt ou tard, je le crains bien, se produiront au dehors par d'horribles catastrophes.

Pour nous, qui ne pensons pas tout à fait comme les autres propriétaires et qui voyons dans nos esclaves des individus de notre espèce, nous tenons moins à quelque chose de plus dans le produit de notre habitation qu'à remplir un devoir qui nous semble imposé par la religion et la conscience; nous n'exigeons d'eux qu'un travail modéré; nous les nourrissons selon leur appétit; nous savons leur pardonner de légères fautes qui ne sont que les conséquences de l'imperfection de la nature humaine. Quand ils s'écartent trop de leurs devoirs, ce qui ne leur arrive pas souvent, nous les reprenons avec douceur, nous leur faisons sentir tout leur tort; au moindre signe d'un vrai repentir, nous diminuons la peine; quand ils sont malades, nous les soignons comme nos enfants. Ils ont dans l'année quelques jours de fêtes et de plaisirs, nous y contribuons par un extraordinaire dans la quantité et la qualité des rations, aussi bien que par quelques bouteilles de rhum ; de temps à autre, nous leur faisons une distribution de cigares ou autres menues choses auxquelles ils attachent du prix. Nous prenons grand soin de leur apprendre les principes de la morale ; nous veillons à ce qu'ils fassent, soir et matin, la prière en commun. Nous combattons leur libertinage de toutes nos forces ; mais les meilleures raisons échouent contre ce terrible écueil. Le mariage seul pourrait le faire cesser, et vous savez, Monsieur, quels obstacles le régime actuel oppose à ce frein nécessaire. »

Nous parlâmes ensuite des différents modes de culture adoptés dans la colonie ; du commerce, de ses chances d'accroissement ; des qualités du sol ; des influences du climat et d'autres objets. Ce bon colon raisonnait sur tout avec une justesse admirable. Cependant, la nuit avait atteint la moitié de sa course ; mes hôtes devaient reprendre avec le jour leurs occupations accoutumées, et moi continuer ma route, il ne nous restait donc plus que quelques heures, nous les consacrâmes au repos. Je dormis jusqu'au lever du soleil ; en me réveillant, je trouvai, près de moi, mes vêtements propres et bien repassés ; une domestique les avait blanchis et préparés pendant la nuit. La petite famille était rassemblée, quand je sortis de mon appartement. Nous déjeunâmes, nous nous embrassâmes en nous faisant de mutuelles invitations. En sortant, je trouvai le moyen de glisser deux gourdes dans la main de la domestique, et je repris, avec mon fidèle Médor, le chemin de la ville, où j'arrivai à midi et demi, après une marche un peu précipitée.

FIN.

TABLE DES MATIÈRES.

FIN.

www.ingramcontent.com/pod-product-compliance
Ingram Content Group UK Ltd.
Pitfield, Milton Keynes, MK11 3LW, UK
UKHW012152240726
13966UKWH00002B/272

9 782012 933552